U0167225

电力信息技术产业

发展报告 2020

——人工智能分册

EPTC 电力信息通信专家工作委员会　组编

中国水利水电出版社
www.waterpub.com.cn

·北京·

内 容 提 要

随着"云大物移智链"等新一代信息通信技术的快速发展，能源革命与数字革命相融并进，电网企业正加速向数字化转型。在新型基础设施建设和国网公司数字新基建的推动下，电力信息通信领域的科技创新不断涌现。作为电力信息通信领域的专业研究机构，EPTC电力信通智库推出《电力信息技术产业发展报告2020》，本报告围绕电力行业数字化、网络化、智能化转型升级，聚焦大数据、人工智能、区块链专业方向，从宏观政策环境、技术产业发展现状及存在的问题、业务应用需求及典型业务应用场景、关键技术研发方向、基于专利的企业创新力研究、创新产品与创新应用解决方案、技术产业发展建议等方面展开研究，以技术结合实际案例的形式多视角、全方位展现信息技术和电力行业融合发展带来的创新和变革，为电力行业向能源互联网转型，以及融合创新提供重要参考依据。

本报告能够帮助读者了解电力信息技术产业发展现状和趋势，给电力工作者和其他行业信息技术相关工作的研究人员和技术人员在工作中带来新的启发和认识。

图书在版编目（ＣＩＰ）数据

电力信息技术产业发展报告. 2020 : 大数据分册、区块链分册、人工智能分册 / EPTC电力信息通信专家工作委员会组编. -- 北京 : 中国水利水电出版社, 2020.12

ISBN 978-7-5170-9293-3

Ⅰ．①电… Ⅱ．①E… Ⅲ．①信息技术－应用－电力系统－研究报告－中国－2020 Ⅳ．①TM769

中国版本图书馆CIP数据核字(2020)第266480号

书　　名	电力信息技术产业发展报告 2020 （大数据分册、区块链分册、人工智能分册） DIANLI XINXI JISHU CHANYE FAZHAN BAOGAO 2020 (DASHUJU FENCE、QUKUAILIAN FENCE、RENGONG ZHINENG FENCE)
作　　者	EPTC电力信息通信专家工作委员会　组编
出版发行	中国水利水电出版社 （北京市海淀区玉渊潭南路1号D座　100038） 网址：www.waterpub.com.cn E-mail：sales@waterpub.com.cn 电话：（010）68367658（营销中心）
经　　售	北京科水图书销售中心（零售） 电话：（010）88383994、63202643、68545874 全国各地新华书店和相关出版物销售网点
排　　版	中国水利水电出版社微机排版中心
印　　刷	天津嘉恒印务有限公司
规　　格	184mm×260mm　16开本　26.25印张（总）　622千字（总）
版　　次	2020年12月第1版　2020年12月第1次印刷
印　　数	0001—2000册
总 定 价	**128.00**元（全3册）

凡购买我社图书，如有缺页、倒页、脱页的，本社营销中心负责调换

版权所有·侵权必究

《电力信息技术产业发展报告 2020》编委会

主　　任：张少军　蒲天骄　王　栋

副 主 任：贺惠民　白敬强　梁志琴

委　　员：李运平　苏　丹　那琼澜　玄佳兴　王新迎　彭国政

　　　　　张国宾　范金锋　张东霞　林为民　卢卫疆　林志达

　　　　　胡　军　杨红鹏　高　伟

主编单位：国网冀北电力有限公司信息通信分公司

　　　　　中国电力科学研究院有限公司

　　　　　国网区块链科技（北京）有限公司

　　　　　中能国研（北京）电力科学研究院

《人工智能分册》编委会

主　　编：蒲天骄

副 主 编：王新迎　白敬强　梁志琴　那琼澜

编　　委：张国宾　乔　骥　陈　盛　韩　笑　赵　琦　李　烨

　　　　　李时光　李　健　刘　超　杨　纯　杨华飞　宋　强

　　　　　高　伟　吴　鹏　邱　镇　陈佳捷　李　彬　郑　伟

　　　　　韩　允　刘　曒　周　玥　王静静　刘　静　李瑞雪

　　　　　朱　瑛　韩瑞芮　何日树　王　孜　翟　钰　王晓彤

参编单位：中国电力科学研究院有限公司人工智能应用研究所

　　　　　国网冀北电力有限公司信息通信分公司

　　　　　中能国研（北京）电力科学研究院

　　　　　国南南瑞科技股份有限公司信息系统集成分公司

　　　　　山东济宁圣地电业集团有限公司

前 言

习近平主席在联合国大会上表示："二氧化碳排放力争于 2030 年前达到峰值，争取在 2060 年前实现碳中和。"在"双碳承诺"的指引下，能源转型是关键，最重要的路径是使用可再生能源，减少碳排放，提升电气化水平。可以预见，未来更为清洁的电力将作为推动经济发展、增进社会福祉和改善全球气候的主要驱动力，其重要性将会日益凸显，电能终将实现对终端化石能源的深度替代。

十九届五中全会提出"十四五"目标强调，实现能源资源配置更加合理，利用效率大幅提高，推进能源革命，加快数字化转型。可见，数字化是适应能源革命和数字革命相融并进趋势的必然选择。当前，我国新能源装机及发电增长迅速，电动汽车、智能空调、轨道交通等新兴负荷快速增长，未来电网将面临新能源高比例渗透和新兴负荷大幅度增长带来的冲击波动，电网正逐步演变为源、网、荷、储、人等多重因素耦合的，具有开放性、不确定性和复杂性的新型网络，传统的电网规划、建设和运行方式将面临严峻挑战，迫切需要构建以新一代信息通信技术为关键支撑的能源互联网，需要电力、能源和信息产业的深度融合，加快源–网–荷–储多要素相互联动，实现从"源随荷动"到"源荷互动"的转变。

近年来，随着智能传感、5G、大数据、人工智能、区块链、网络安全等新一代信息通信技术与能源电力深度融合发展，打造清洁低碳、安全可靠、泛在互联、高效互动、智能开放的智慧能源系统成为发展的必然趋势，新一代信息通信技术将助力发电、输电、变电、配电、用电和调度等产业链上下游各环节实现数字化、智能化和互联网化，带动电工装备制造业升级、电力能源产业链上下游共同发展，有效促进技术创新、产业创新和商业模式创新。

EPTC 信通智库是专注于电力信息通信技术创新与应用的新型智库平台，秉承"创新融合、协同发展、让智慧陪伴成长"的价值理念，面向能源电力行业技术创新与应用的共性问题，聚焦电力企业数字化转型过程中的痛点需求，关注电力信息通信专业人员职业成长，广泛汇聚先进企业创新应用实践和优秀成果，为企业及技术工作者提供平台、信息、咨询和培训四大价值服务，推动能源电力领域企业数字化转型和数字产业化高质量发展。

为了充分发挥 EPTC 信通智库的组织平台作用，围绕新一代信息通信技术在能源电力领域的融合应用及产业化发展需求，精选传感、5G、大数据、人工智能、区块链、网络安全六个新兴技术方向，从宏观政策环境分析、产业发展概况、技术发展现状分析、业务应用需求和典型应用场景、关键技术分类及重点研发方向、基于专利的企业技术创新力评价、新技术产品及应用解决方案、技术产业发展建议等方面，组织编制了电力信息通信技术产业发展报告 2020 系列专题报告，集合专家智慧、融通行业信息、引领产业发展，希望切实发挥智库平台的技术风向标、市场晴雨表和产业助推器的作用。

本报告适合能源、电力行业从业者，以及信息化建设人员，帮助他们深度了解电力行业数字化转型升级的关键技术及典型业务应用场景；适合企业管理者和国家相关政策制定者，为支撑科学决策提供参考；适合关注电力信息通信新技术及发展的人士，有助于他们了解技术发展动态信息；可以给相关研究人员和技术人员带来新的认识和启发；也可供高等院校、研究院所相关专业的学生学习参考。

特别感谢 EPTC 电力信息通信专家工作委员会名誉主任委员李向荣先生等资深专家的顾问指导，感谢报告编写组专家们的撰写、修改，以及出版社老师们的编审、校对等工作，正是由于你们的辛勤付出，本报告才得以出版。由于编者水平所限，难免存在疏漏与不足之处，恳请读者谅解并指正。

编者

2020 年 12 月

目 录

图目录

表目录

第 1 章
宏观政策环境分析

1.1 国家及地方政策分析

人工智能作为第四次工业革命的核心驱动力，能够在很大程度上影响未来社会的经济发展。全球多个国家和主要经济体大力布局，将人工智能提升至国家战略，通过在国家层面加强顶层设计，加快推动人工智能产业体系建立。

我国大力推动人工智能产业的发展，国务院早在 2017 年就发布了《新一代人工智能发展规划》（国发〔2017〕35 号），对人工智能产业进行系统全面的战略部署，中国人工智能产业开始进入爆发增长期。2019 年，"智能＋"首次出现在政府工作报告中，明确要坚持创新引领发展，培育壮大新动能。目前，中国人工智能产业逐渐趋于稳定，产业模式探索已基本完成，产业焦点从技术驱动转向多元化的场景应用和行业中的深度融合。作为新一轮产业变革的核心驱动力，人工智能在金融、教育、工业、安防、医疗等众多领域扮演着越来越重要的角色。人工智能技术不仅能够优化决策的准确性、及时性、科学性，而且能够在专业领域实现高度的自动化，大幅提升产业效率，成为行业发展新动能。在国家政策的引导和强大的市场需求共同作用下，互联网在医疗、养老、教育、文化、体育等多领域的创新应用飞速发展，全新的商业模式随着"互联网＋"的发展而不断涌现。如今，"互联网＋"正逐渐向"智能＋"的方向演进，人工智能技术正在重塑着传统行业，孕育着崭新的"智能＋"商业模式。

1.1.1 大力发展人工智能基础设施，构建国家经济发展新引擎

人工智能在社会中发挥的重要牵引作用日益突显，国家对于人工智能基础设施建设高度重视，力图通过人工智能的基础设施建设为经济发展构筑智能新引擎。人们对于社会的基础要素也提出新的需求，高效率的能源输送、高端的工业体系、高速的信息传输以及智能化的社会治理等都将成为未来国家保持先进现代化体系的必选项。国家战略与时俱进，大力强化新型基础设施建设，不断满足时代演进的新要求。2020 年发改委首次明确"新基建"范围，作为新基建的重点工程，人工智能新基建的建设内容涉及信息基础设施、创新基础设施和融合基础设施三个方面，是从基础能力建设到创新服务提供再到应用试点升级全流程的体系化架构。信息基础设施在硬件层面对人工智能进行支撑，为人工智能产业发展提供所需的基础资源；同时人工智能产业仍需要长期探索和不断的

1

创新演进，创新基础设施的建设为产业核心能力发展提供动力；融合基础设施是 AI 新基建的价值体现，人工智能传统领域的赋能和新兴业态的激发将促进社会经济的发展。

1.1.2　不断推进与实体经济深度融合，加快智能经济形态形成

2019 年 3 月，中央全面深化改革委员会第七次会议审议通过了《关于促进人工智能和实体经济深度融合的指导意见》，明确指出要促进人工智能和实体经济深度融合，要把握新一代人工智能发展的特点，坚持以市场需求为导向，以产业应用为目标，深化改革创新，优化制度环境，激发企业创新活力和内生动力，结合不同行业、不同区域特点，探索创新成果应用转化的路径和方法，构建数据驱动、人机协同、跨界融合、共创分享的智能经济形态。在人工智能技术创新驱动向产业培育转型的关键节点，要充分把握人工智能技术属性和社会属性高度融合的特征，充分激发人工智能的"头雁效应"。未来，人工智能技术真正渗透于相关产业、在各行业领域中垂直深耕、充分发挥赋能作用将成为人工智能产业化发展的关键路径。

1.1.3　鼓励企业建设开放创新平台，发挥领军企业引领示范作用

"开放、共享"是推动我国人工智能技术创新和产业发展的重要理念，《国家新一代人工智能开放创新平台建设工作指引》（国科发高〔2019〕265 号）的印发进一步明确国家新一代人工智能开放创新平台的目的意义、建设原则、基本条件和主要任务。新一代人工智能开放创新平台是聚焦人工智能重点细分领域，充分发挥行业领军企业、研究机构的引领示范作用，有效整合技术资源、产业链资源和金融资源，持续输出人工智能核心研发能力和服务能力的重要创新载体。2019 年 8 月，新一代人工智能开放创新平台进一步扩容，共有 15 家企业的相关 AI 开放平台成功入选国家新一代人工智能开放创新平台，覆盖视觉计算、智慧教育、基础软硬件、普惠金融、图像感知等领域。开放创新平台的建设可以更好地整合行业技术、数据及用户需求等方面的资源，以普惠应用的方式细化产业链层级，助力人工智能产业生态的构建。

1.1.4　建设人工智能创新发展试验区，鼓励开拓智能社会试验田

国家新一代人工智能创新发展试验区是依托地方开展人工智能技术示范、政策试验和社会实验，在推动人工智能创新发展方面先行先试、发挥引领带动作用的区域。《国家新一代人工智能创新发展试验区建设工作指引》（国科发规〔2019〕298 号，以下简称《工作指引》）进一步明确国家新一代人工智能创新发展试验区的总体要求、重点任务、申请条件、建设程序和保障措施，有序推动国家新一代人工智能创新发展试验区建设。《工作指引》明确了"应用牵引、地方主体、政策先行、突出特色"的四项建设原则，以及"服务支撑国家区域发展战略、以城市为主要建设载体"的两大总体布局，将开展人工智能技术应用示范、政策试验、社会实验、基础设施建设等多项重点任务。人工智能创新发展试验区的建设为人工智能研究提供创新条件，为人工智能企业开辟应用土壤，为政策法规制定和人工智能发展磨合提供实践环境，为中国人工智能发展探索新路径和新机制。

人工智能产业主要政策见表 1-1。

表 1-1　　　　　　　　　　　人工智能产业主要政策

颁布时间	颁布主体	政策名称	文号	关键词（句）
2019 年	科技部	《国家新一代人工智能创新发展试验区建设工作指引》	国科发规〔2019〕298 号	开展人工智能技术应用示范；推进人工智能基础设施建设
	科技部	《国家新一代人工智能开放创新平台建设工作指引》	国科发高〔2019〕265 号	持续输出人工智能核心研发能力和服务能力的重要创新载体
	中央全面深化改革委员会	《关于促进人工智能和实体经济深度融合的指导意见》		构建数据驱动、人机协同、跨界融合、共创分享的智能经济形态
2018 年	工业和信息化部	《新一代人工智能产业创新重点任务揭榜工作方案》	工信厅科〔2018〕80 号	培育智能产品、突破核心基础、深化发展智能制造、构建支撑体系
	教育部	《高等学校人工智能创新行动计划》	教技〔2018〕3 号	聚焦并加强新一代人工智能基础理论和核心关键技术研究
2017 年	工业和信息化部	《促进新一代人工智能产业发展三年行动计划（2018－2020 年）》	工信部科〔2017〕315 号	促进新一代人工智能产业发展，推动制造强国和网络强国建设，助力实体经济转型升级
	国务院	《新一代人工智能发展规划》	国发〔2017〕35 号	构建开放协同的人工智能科技创新体系、把握人工智能技术属性和社会属性高度融合的特征、坚持人工智能研发攻关、产品应用和产业培育"三位一体"推进、全面支撑科技、经济、社会发展和国家安全

1.2　电力人工智能战略分析

人工智能技术是电网发展的必然选择，也是能源电力转型发展的重要战略支撑。在电网向能源互联网演进和向高电压大电网广域互联发展的格局下，人工智能与电网应用技术融合将有效提升驾驭复杂电网的能力，提高电网运营的安全性，变革经营服务模式。

1. 国家电网有限公司

国家电网有限公司战略目标以"建成具有中国特色国际领先的能源互联网企业"为长期战略目标，着力提升电网智能化数字化水平显著提升，构建能源互联网功能形态。这标志着国家电网有限公司将以电网为基础，全面联通其他能源，促进综合能源利用效率提升，为用户提供更为全面、灵活的能源服务，发挥更广泛的产业链带动作用。

3

国家电网有限公司在人工智能领域重仓布局、统筹发展，已经初步形成人工智能技术研发和应用能力，不断推动人工智能技术在提升公司和电网发展质效过程中发挥作用。国家电网有限公司充分发挥人工智能建设要素中的数据资源和业务场景优势，加强人工智能应用领域研发力量，完善人工智能创新体系布局，推进人工智能技术与公司业务进一步融合，引导催生新业态、新模式的同时，加快释放特高压、充电桩等新型能源基础设施新动能，为公司建设世界一流能源互联网企业提供强大引擎。

2017 年 8 月，国家电网有限公司启动人工智能相关工作，形成《国家电网有限公司人工智能专项规划》，提出要深入探索人工智能技术在电力领域的应用前景和方向，寻找人工智能在电力领域的着力点和突破点，推进电网数字化、智能化发展。2018 年 4 月，国家电网有限公司启动编制《新一代电力系统技术研究框架》，将人工智能列为基础性支撑技术，并在电网领域相继开展了人工智能应用的可行性和关键技术研究。2020 年 3 月，国家电网有限公司积极响应中央新基建工作部署，强调抓住加快电网发展、推动转型升级、培育增长动能的重要机遇，提出"三个加快，一个加强"重要目标，明确要求"加快现代信息通信技术推广应用""积极拓展人工智能在设备运维、电网调度、智能客服等方面的应用"，支撑公司抢占能源互联网科技制高点。

2. 中国南方电网有限责任公司

中国南方电网有限责任公司以"智能电网运营商、能源产业价值链整合商、能源生态系统服务商转型"为长期战略目标，积极落实国家创新驱动发展战略。

2018 年 12 月，中国南方电网有限责任公司发布《人工智能与业务发展深度融合专项规划》，提出构建"场景驱动、平台支撑、技术引领、人才保障、产业协同"的深度融合发展体系，发挥人工智能对核心业务的牵引性作用，重点在市场营销、综合能源、生产运行、规划建设、信息化及网络安全、企业管理等六大领域率先取得突破。

2019 年 2 月，中国南方电网广东电网有限责任公司发布《广东电网有限责任公司人工智能技术支撑工作方案》，明确了该公司在人工智能技术应用方面的总体建设蓝图，完成了人工智能与业务发展深度融合的技术架构顶层设计，为该公司建设"数字企业、智慧企业"提供了有力支撑，为企业高质量发展提供强力引擎。

第 2 章
电力人工智能产业发展概况

2.1 人工智能产业链全景分析

2.1.1 强人工智能和弱人工智能

人工智能产业是指群体、团队、个人针对人工智能本身基础理论、技术、系统、平台以及基于人工智能技术的相关产品和服务的研发、生产、销售等一系列经济活动的集合。

人工智能是计算机科学的一个分支领域，致力于让机器模拟人类思维，从而执行学习、推理等工作，分为强人工智能和弱人工智能。强人工智能侧重于思维能力，指机器不仅是一种工具，而且本体拥有知觉和自我意识，能真正地推理和解决问题。弱人工智能指人造机器具备表象性的智能特征，包括像人一样思考、像人一样感知环境以及像人一样行动。

2.1.2 基础层和技术层环节盈利持续提升

人工智能产业链环节包括基础层、技术层和应用层。基础层侧重基础设施搭建，技术层侧重核心技术的开发部署，应用层侧重人工智能在行业领域中的应用。其中，基础层和技术层盈利模式基本形成，盈利能力持续提升。

基础层主要包含人工智能的基础感知设备和人工智能的计算能力支撑。感知功能主要通过专业的摄像头和人工智能相关传感器来完成。计算能力的实现主要凭借云端计算和终端计算。云计算、服务器、云存储等基础云端计算服务为人工智能提供核心计算能力；ASIC、FPGA 以及传统的 GPU 芯片为人工智能的高速运算提供了高效的硬件支持。当前，人工智能基础层相关企业持续保持较好的盈利状态，人工智能产业发展趋于稳定，基础层企业盈利模式基本形成。

在技术层，人工智能基础服务与人工智能系统平台为人工智能技术产业的两种服务模式。人工智能基础服务通过为产业链下游企业提供智能语音和语言、计算机视觉以及其他智能算法，实现企业价值。人工智能系统平台则是集成相关人工智能算法形成工具应用，或者集成到专业的系统形成智能化系统提供综合的智能化服务。当前技术层企业盈利能力增强，产业链利润权重增加。2019 年，国内技术层上市企业净利润总额相对于人工智能总体净利润占比有所上涨，人工智能利润中心由应用层向基础层和技术层倾斜，2019 年前三季度技术层净利润总额基础层占比 29.4%。部分技术层企业开始逐渐形成稳定的商业模式，实现盈利增长。

5

2.1.3 应用层主要包含硬件产品和场景服务

应用层作为人工智能产业重要组成部分，为基于人工智能技术的落地应用，主要包含硬件产品和场景服务两个分类。其中，硬件产品包括智能机器人、无人系统、智能硬件等。场景服务包括智慧医疗、智慧教育、智慧金融、智慧零售、智慧工厂、智慧农业、智慧城市等，基于现有的传统产业，利用人工智能软硬件及集成服务，对传统产业进行升级改造，提高智能化程度。随着社会信息化水平快速推进，行业对于智能化需求不断提高，大量的数据积累是发展人工智能重要的前提和基础，互联网、金融、安防、消费电子等领域拥有较高的信息化水平和数据素材，占有人工智能市场较大份额。2020—2022 年，在人工智能技术应用落地探索过程中，医疗、金融、教育领域的人工智能市场份额占比将会提升。硬件层面，相比智能软件服务以及软件解决方案的提供，消费电子具有更强的落地能力，智能化消费电子市场将出现一定程度上的增长。

人工智能产业链全景图如图 2-1 所示，人工智能产业链企业图谱如图 2-2 所示。

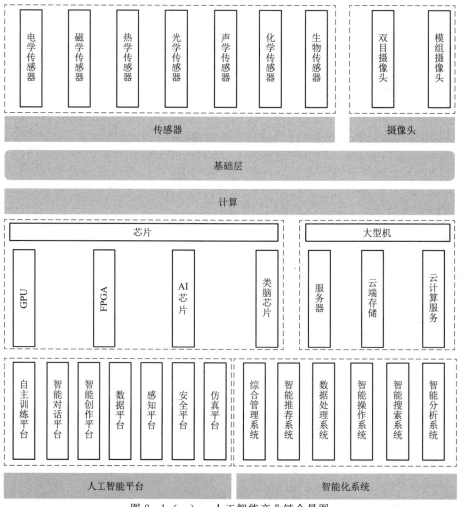

图 2-1（一） 人工智能产业链全景图

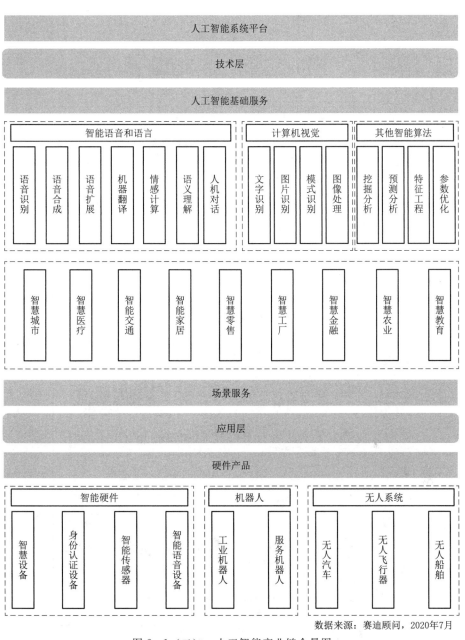

数据来源：赛迪顾问，2020年7月

图 2-1（二） 人工智能产业链全景图

图 2-2（一） 人工智能产业链企业图谱

数据来源：赛迪顾问，2020年7月

图 2-2（二）　人工智能产业链企业图谱

2.2 人工智能产业发展现状

2.2.1 全球人工智能产业进程推进，产业发展模式初步形成

全球人工智能产业规模保持平稳高速增长，人工智能技术产业化进程加速，以技术为核心驱动力的产业重点逐渐向场景应用转移，2019 年全球人工智能产业规模为 1328.8 亿美元，同比增长 28.6%，具体见图 2-3。区域分布来看，北美是人工智能产业发展的主要地区，产业规模占全球 45.6%，亚太地区和欧洲地区位列其后。信息化时代的龙头企业纷纷布局人工智能产业，根据原有业务基础形成产业生态。大规模的研发投入使得信息化时代巨头在全球人工智能发展过程中起到引领作用。

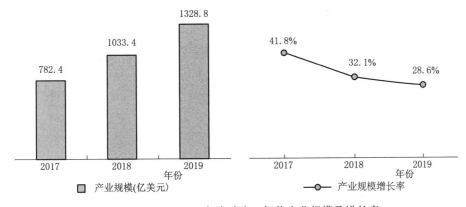

图 2-3　2017—2019 年全球人工智能产业规模及增长率

2019 年全球人工智能产业规模结构如图 2-4 所示，可知 2019 年全球人工智能应用层、技术层和基础层产业规模结构占比分别为 53.5%、23.4% 和 23.1%，应用层是全球人工智能产业结构中的重要组成部分，2019 年全球人工智能应用层的产业规模为 710.9 亿美元，其中智慧城市、智慧医疗、智慧金融等行业智能解决方案占有较大比重。随着人工智能产业逐渐向传统行业渗透，行业解决方案服务由于具有综合全流程的优势，成为全球人工智能企业为客户提供的重要产业服务模式。

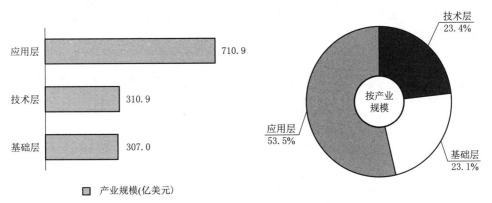

图 2-4　2019 年全球人工智能产业规模结构

2.2.2　全球人工智能产业主要集中在经济发达地区

2019 年全球人工智能产业区域结构如图 2-5 所示，主要分布于北美、亚太和欧洲地区，分别占比 45.6%、31.9% 和 21.5%，产业规模分别为 605.9 亿美元、423.9 亿美元和 285.7 亿美元。作为引领新一轮科技革命的新兴技术型产业，人工智能需要强大的科研能力与现代化的信息化体系作为支撑土壤。技术能力成为人工智能产业化实现的关键，截至 2019 年 12 月 31 日，人工智能相关专利申请量前 10 的国家分别为中国、美国、日本、德国、英国、法国、印度、韩国、加拿大、意大利。经济发达地区对于人工智能技术的大力投入，加速区域人工智能产业化进程推进，并在北美、亚太、欧洲内部逐渐形成人工智能产业聚集区。

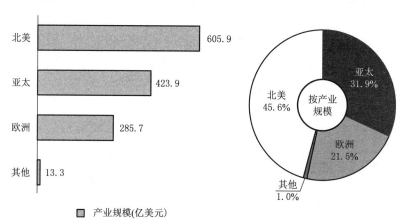

图 2-5　2019 年全球人工智能产业区域结构

高等院校、科研院所及科技龙头企业的人工智能科研成果产业转化是全球人工智能产业的核心动力，这需要大量的资本投入和研发消耗。在社会从信息化时代向智能化时代转折的关键窗口，亚马逊、谷歌、微软等科技龙头企业凭借其自身优势能力快速响应，通过自建团队或战略并购的方式迅速完成人工智能领域的布局。2019 年人工智能龙头企业加速智能化产品开发，增加智能无人系统应用试验，在实现智能化应用落地的同时增加研发投入比重，以保持长期的技术优势。IBM、谷歌、脸书等科技龙头企业保持较高的专利申请量和论文输出，企业的 AI 实验室在很多方面成为人工智能技术前沿阵地。2019年全球人工智能产业重点企业见表 2-1。

表 2-1　　　　　　　　　　2019 年全球人工智能产业重点企业

排名	企业名称	国家	企业营收/亿美元	市值估值/亿美元
1	亚马逊	美国	2805.22	9128.3
2	苹果	美国	2601.74	12964.8
3	谷歌	美国	1618.57	9276.6
4	微软	美国	1258.43	12018.3
5	IBM	美国	771.47	1196.7

排名	企业名称	国家	企业营收/亿美元	市值估值/亿美元
6	脸书	美国	706.97	5857.8
7	阿里巴巴	中国	561.52	5583.0
8	软营	美国	170.98	1429.6
9	百度	中国	154.3	439.8
10	英伟达	美国	109.18	1433.0

2.2.3　中国人工智能产业结构中应用层占比最大，基础层占比相对较少

2017—2019 年中国人工智能产业规模及增长率如图 2-6 所示，2019 年中国人工智能产业以较高的增速发展，已经形成千亿级以上的规模型产业，其中应用层占比最大，基础层占比相对较少。经历全球人工智能爆发增长阶段，中国相关产业存量被人工智能技术短期内激活，人工智能产业进入高速建设阶段，大量的人工智能初创企业涌现，形成以人工智能技术为核心的智能化应用。中国人工智能产业规模呈现爆发式增长，纵向场景深化与横向应用探索推动中国人工智能产业规模攀升。2019 年，中国人工智能产业规模达到 1291.4 亿元，同比增速为 30.8%。

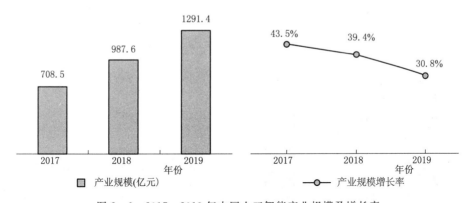

图 2-6　2017—2019 年中国人工智能产业规模及增长率

2019 年中国人工智能产业结构如图 2-7 所示，其中基础层、技术层、应用层产业规模分别为 210.5 亿元、329.3 亿元和 751.6 亿元，分别占比 16.3%、25.5% 和 58.2%。从产业结构分析，中国人工智能产业主要是面向行业商业客户以及面向政府的整体行业解决方案，对于智慧安防、智慧城市、智慧医疗、智慧金融等行业智能化体系建设成为中国人工智能产业的发展重点。目前中国基础层的许多核心元件需要依赖进口，中国人工智能基础层产业规模对比全球占比相对较少。

2.2.4　中国人工智能市场规模稳定增长，行业应用的市场占比将增加

从 2016 年开始，中国人工智能进入市场爆发阶段，持续保持较高的市场增长率，行

业应用的市场占比将增加。2017—2019 年中国人工智能市场规模及增长率如图 2-8 所示。2019 年，人工智能企业开始加快落地应用探索，基础层、技术层企业开始向应用层下游渗透，人工智能相关应用产品更加丰富，对于不同应用场景，人工智能企业能够提供更全面的综合智能化解决方案。2019 年中国人工智能市场规模达到 489.3 亿元，增长率 27.5％。预计 2020—2022 年中国人工智能市场将稳步向前，人工智能的场景落地以及市场开拓将在各行各业中稳定展开，到 2022 年，中国人工智能市场规模将超过千亿元。

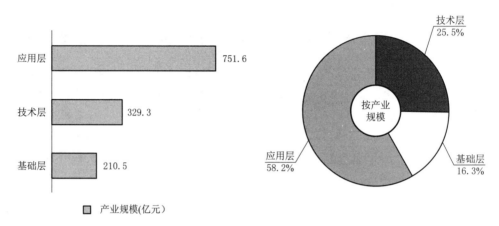

图 2-7　2019 年中国人工智能产业结构

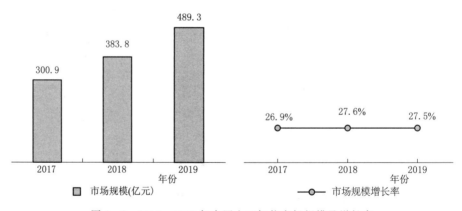

图 2-8　2017—2019 年中国人工智能市场规模及增长率

2017—2019 年中国人工智能市场结构如图 2-9 所示，随着社会信息化水平快速推进，行业对于智能化需求不断提高，大量的数据积累是发展人工智能重要的前提和基础，互联网、金融、安防、消费电子等领域拥有较高的信息化水平和数据素材，占有人工智能市场较大份额。2020—2022 年，在人工智能技术应用落地探索过程中，医疗、金融、教育领域的人工智能市场份额占比将会提升。硬件层面，相比智能软件服务以及软件解决方案的提供，消费电子具有更强的落地能力，智能化消费电子市场将出现一定程度上的增长。

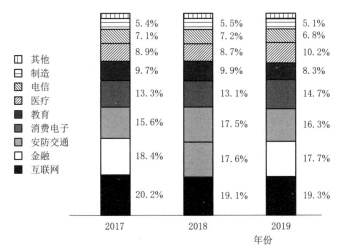

图 2 - 9　2017—2019 年中国人工智能市场结构

2.3　电力人工智能市场规模预测

2.3.1　人工智能与电力行业的融合方案正在加快建立

人工智能作为引领未来的新兴技术对生产、生活、科技、社会变革等方面有重大影响，国家层面高度重视人工智能技术的突破和产业发展。国家电网有限公司和中国南方电网有限责任公司积极响应国家政策，不断探索电力行业更快更好的发展路径，加快电网业务与人工智能技术的融合，推动电力人工智能产业发展。

国家电网有限公司秉承绿色电网交织、灵动和创新的理念，从客户服务、智慧保电和能源服务出发，利用人工智能技术赋能电力行业。国家电网有限公司在人工智能方向专利数量在全球企业中名列前茅，推出的城市虚拟电厂本质为商业建筑虚拟电厂运营平台，通过利用5G通信技术、边缘计算、人工智能技术，将城市商业建筑的分布式能源以多维建模聚合，实现用户闲散资源的分类聚合，从经济学角度出发消除信息不对称带来的资源浪费，从而达到优化供需分配，实现经济效率最大化的目的。

中国南方电网有限责任公司则于2019年9月推出人工智能平台并正式投运，为中国南方电网有限责任公司全面启动人工智能建设打下了坚实的基础，为人工智能技术和电力行业的全面融合发展提供了可行性解决方案。中国南方电网有限责任公司着眼于语音识别、人脸识别、OCR识别、自然语言处理和输电线路缺陷识别等人工智能细分技术与电力行业的结合，进一步夯实电力行业数字化建设，人工智能平台的建立对于实现电力系统生产、经营、管理、交易等环节统一调度起到了很大的推动作用。

2.3.2　2020—2022 年全球电力人工智能市场规模

全球范围内，人工智能加快向垂直行业渗透，市场需求的不断拓展助推人工智能产业迅速发展。2020—2022年全球人工智能市场规模及增长率预测如图2-10所示，预计全球市场规模呈现平稳增长趋势，预计2022年全球市场规模将达782.2亿美元，同比增长20.0%。

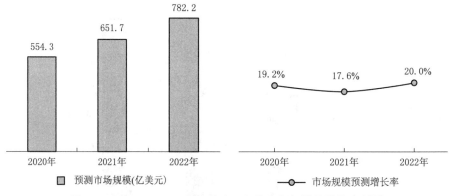

图 2-10 2020—2022 年全球人工智能市场规模及增长率预测

能源市场是人工智能重点发力的应用市场，2020—2022 年全球能源人工智能市场规模及增长率预测如图 2-11 所示，预计 2020 年全球能源人工智能市场规模将达到 34.4 亿美元，预计 2022 年市场规模有望达到 43.0 亿美元，增长率为 11.8%，占全球人工智能市场规模比重为 6.2%。

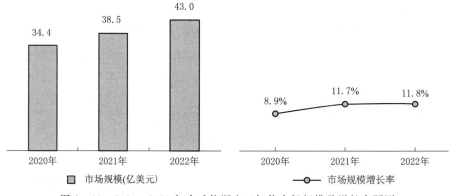

图 2-11 2020—2022 年全球能源人工智能市场规模及增长率预测

市场结构方面，电力行业是人工智能技术在能源市场应用最大的领域，2020—2022 年全球电力人工智能市场规模及增长率预测如图 2-12 所示，预计 2020 年全球电力人工智能市场规模将达到 24.2 亿美元，预计 2022 年市场规模将达到 30.6 亿美元，增长率为 13.0%。

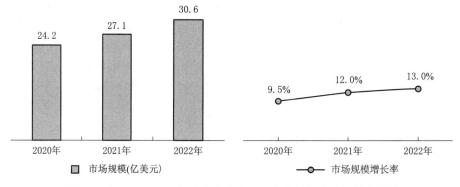

图 2-12 2020—2022 年全球电力人工智能市场规模及增长率预测

2.3.3 中国电力人工智能市场规模高速增长

中国在人工智能垂直应用领域不断发力，加快推动传统产业与人工智能产业融合发展。2020—2022 年中国人工智能市场规模及增长率预测如图 2-13 所示，预计市场规模呈现平稳增长趋势，预计 2022 年市场规模将达 1084.3 亿元，同比增长 31.1%。

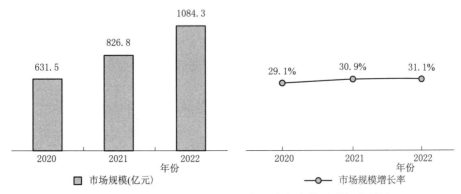

图 2-13　2020—2022 年中国人工智能市场规模及增长率预测

随着能源行业与人工智能的深度融合，中国能源行业人工智能市场规模保持高速增长，2020—2022 年中国能源人工智能市场规模及增长率预测如图 2-14 所示。预计 2020 年中国能源行业人工智能市场规模将达到 36.6 亿元，约为全球增速的 2 倍，预计 2022 年市场规模将达 56.4 亿元，增长率为 24.0%。

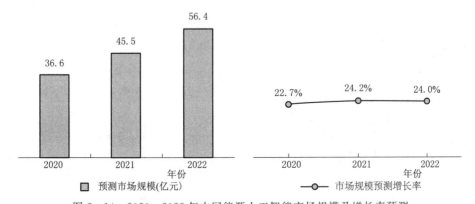

图 2-14　2020—2022 年中国能源人工智能市场规模及增长率预测

国家电网有限公司、中国南方电网有限责任公司对人工智能技术在电力行业应用的不断推进，2020—2022 年中国电力人工智能市场规模及增长率预测如图 2-15 所示。预计 2020 年中国电力人工智能市场规模将达到 24.9 亿元，同样高于全球增速，预计 2022 年市场规模将达 41.4 亿元，增长率为 29.6%。

按照软硬配件划分细分领域，人工智能应用于电力行业主要分为软件算法和硬件设备两部分。预测 2022 年中国电力人工智能市场结构预测如图 2-16 所示。预计 2022 年软件算法细分领域市场规模占比较大，达 61.4%，市场规模达 25.4 亿元。硬件设备市场规模为 16.0 亿元，占比为 38.6%。

15

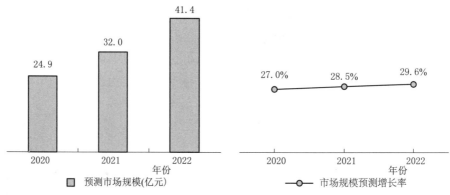

图 2-15 2020—2022 年中国电力人工智能市场规模及增长率预测

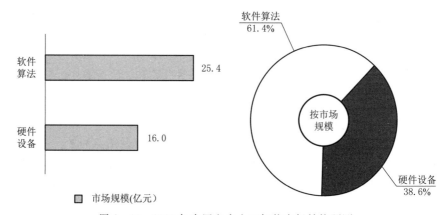

图 2-16 2022 年中国电力人工智能市场结构预测

人工智能软件算法主要应用于电力系统的建设，主要表现为通过深度学习进行故障分析，智能化开展电力调度等方面。硬件设备主要指代无人机巡检、机器人巡检、其他设备的健康评估等电力资产管理和智能化运维。

2022 年中国电力人工智能软件算法市场结构预测如图 2-17 所示。人工智能软件算法在电力行业应用中计算机视觉占比保持领先优势，预计 2022 年市场规模为 14.5 亿元，

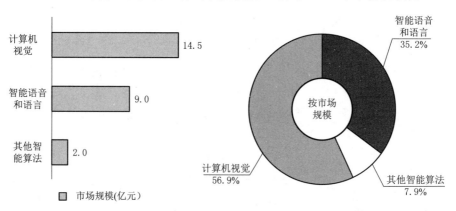

图 2-17 2022 年中国电力人工智能软件算法市场结构预测

占比为 56.9%，计算机视觉技术重点研发集中于电力影像智能辅助标注技术、电力设备检测与缺陷识别算法，实现实时设备识别和缺陷检测。

2022 年中国电力人工智能硬件设备市场结构预测如图 2-18 所示，人工智能硬件在电力行业应用中机器人市场规模占比较高，预计 2022 年市场规模为 9.5 亿元，占比为 59.3%，机器人发展越来越智能化，重点突破智能算法封装、自主识别、自主行为、自主学习、人机协作等核心技术，实现电力机器人的自主和智能化。

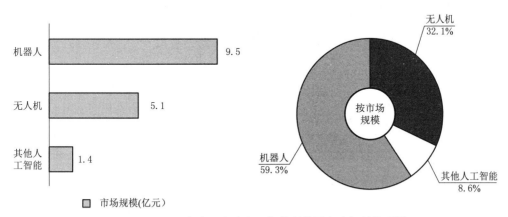

图 2-18 2022 年中国电力人工智能硬件设备市场结构预测

2.4 电力人工智能产业发展趋势

人工智能技术凭借其群体智能算法、深度学习能力，可以利用历史数据进行状态检测和预判，未来在发电领域、输配电领域、用电领域以及用电保障方面都将发挥重要作用，并不断加速电网向智能化、高效化方向发展。

2.4.1 改善传统发电、实现新能源自平衡

人工智能技术通过群体智能算法优化可改善传统发电方式，降低成本损耗，提升发电效率，减少环境污染。同时，人工智能技术通过全面感知、边缘计算和群体智能技术还可以实现新能源的供需自平衡，与人工智能技术的深度融合将成为电力发电模式演进的重要方向。

生产生活中主要应用的发电模式包括火力发电、核能发电、太阳能发电、风能发电、水力发电、生物质能发电、潮汐发电等，其中：火力发电为传统发电模式，利用可燃物作为燃料生产电能，我国以煤炭、天然气作为主要化学燃料；除火力发电之外均属于新能源发电模式，如核能发电、太阳能发电、风能发电、生物质能发电和水力发电等。

（1）针对传统发电模式，以燃煤发电为例，煤粉和空气在电厂锅炉炉膛空间内悬浮并进行强烈的混合和氧化燃烧，燃料的化学能转化为热能，热能以辐射和热对流的方式使高压水介质成为高压高温的过热水蒸气，水蒸气由汽轮机实现蒸气热能向旋转机械能

的转换,最后通过联轴器拖动发电机发出电能。人工智能技术可助力燃煤优化,动态建立燃煤锅炉的氮氧化合物排放浓度和锅炉煤耗的综合模型,通过群智算法优化实现锅炉燃烧效率提升,降低经济成本并改善环境,成为传统发电变革的重要趋势。

(2)针对新能源发电模式,以风力发电为例,首先是风的动能转化成机械能,然后再转化成电能的一个过程。人工智能技术针对此类具有随机性和间歇性特征的新能源发电模式(风力发电、太阳能发电等),可以通过全面感知、边缘计算和群体智能自动生成发电策略和智能响应来实现供需自平衡,成为新能源发电演进的重要方向。

2.4.2 助力电力行业管理运维智能化

人工智能技术通过深度学习以及对环境数据的感知、监控和自动处理作用于电力行业输配电领域,可以从资产管理和运营维护方面形成智能化系统,进而实现自动输配电模式,成为输配电领域的重要发展方向。电力大数据运维系统云平台如图 2-19 所示。

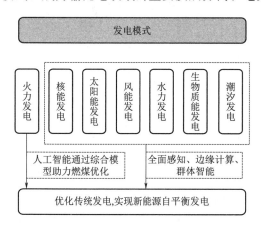

图 2-19 电力大数据运维系统云平台

传统的输配电过程需要人为分析用电需求进行部署安排,人工智能技术可以在电力资产科学化管理、智能化运营维护、优化配电网络三个方面优化输配电系统,电力管理运维智能化发展如图 2-20 所示。

(1)针对电力资产科学化管理方面,传统管理方法通过人力分析、诊断并给出管理方案,人工智能技术具有深度学习能力,可以通过对已有电力设备所产生的设备状态数据、环境数据,尤其是历史数据进行深度挖掘、自主分析,形成已知电力设备的健康状态的综合评价并自动形成诊断结果,进而根据诊断结果构建知识图谱,结合人工智能知识图谱针对特定电力设备提出针对性的管理方案,成为电力行业资产管理的应用趋势。

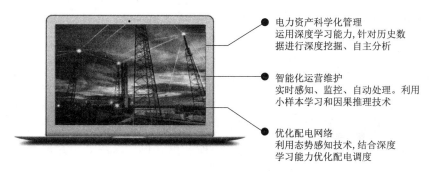

图 2-20 电力管理运维智能化发展

(2)针对智能化运营维护方面,传统电力运营维护是人为执行给定的设备运维方案,输配电环节出现突发事件后存在解决突发事件滞后性问题。人工智能技术通过对电力设备状态数据进行实时感知、监控、自动处理，利用小样本学习和因果推理技术，运用智能化手段替代人工运维可以提高资产运维效率，有效减少解决突发事件滞后时间，降低突发事件为生产生活带来的经济损失，实现电力资产的全面检测、信息实时更新、管理科学化和智能化，成为电力输配电领域的重要发展趋势。

（3）针对优化配电网络方面，人工智能技术可以利用态势感知技术在给出电力资产管理方案的同时预测电力设备、电力系统的发展状态，结合深度学习能力优化电力配电调控策略，成为电力配电网落建设领域的应用趋势。

2.4.3 辨识新兴负荷、保障用电安全

人工智能利用特征学习，深度学习、关联分析和因果推理等技术可以助力新型用电领域的拓展和智能调控系统、智能防御系统的建立，成为用电领域的重要发展趋势之一。

就拓展新型用电领域而言，目前存在一些新型且快速发展的电力应用场景，如电动汽车、智能家居等，这些新型电力应用场景带来的新型电力负荷可以利用人工智能技术的特征学习方法感知与预测，满足其精准感知和辨识的需求，人工智能技术的应用成为新型用电领域发展的重要趋势。

就建立调控防御运行系统而言，用电领域需要预先保障安全需求，人工智能技术可以利用智能传感采集的全景全域数据和离线仿真数据，凭借自身深度学习能力，映射复杂的非线性关系，快速辨识电力网络故障点、故障类型，从而做出防御预判。在此基础上，人工智能技术还可以利用其关联分析和因果推理技术，针对电力网络历史遗留的闪现问题和薄弱环节进行因素溯源追踪，运用深度学习能力对运行的电力系统进行状态评估和策略选择，基于实时数据可以形成预防控制或指定采取紧急控制措施，从而应对电力网络可能出现的各种偶发的复杂状态。

第3章
人工智能技术发展现状分析

3.1 芯片及框架技术

3.1.1 智能芯片计算技术

AI 芯片主要的新计算技术包括近内存计算、存内计算、新型人工神经网络计算和生物神经网络。虽然成熟的 CMOS 器件已被用于实现这些新的计算范例，但是新兴器件有望在未来进一步提高系统性能并降低电路复杂性。

1. 近内存计算

近内存计算可以通过将存储器层置于逻辑层顶部而进一步实现高性能并行计算。新兴的非易失型存储器（Non Volatile Memory，NVM）也适用于这种方法，因为它可以通过 CMOS 的后道工序（back end of line，BEOL）与逻辑器件集成。

2. 存内计算（In - memory Computing）

存内计算与传统的冯·诺依曼体系结构有着本质不同，该体系结构直接在存储器内执行计算而不需要数据传输。这个领域的最新进展已经证明了存内计算具有逻辑运算和神经网络处理的能力。

3. 人工神经网络计算

基于新兴非易失性存储器件的人工神经网络计算包括铁电存储器（FeRAM）、磁隧道结存储器（MRAM）、相变存储器（PCM）和阻变存储器（RRAM）等，它们可用于构建待机功耗极低的存储器阵列。它们都可能成为模拟存内计算（Analog In - memory Computing）的基础技术，实现数据存储功能的同时参与数据处理。这些器件一般都以交叉阵列（Crossbar）的形态实现，其输入/输出信号穿过构成行列的节点。

4. 生物神经网络计算

生物神经网络本质上是存储和计算并行。IBM TrueNorth 与英特尔 Loihi 展示如何使用 CMOS 器件实现了仿生脉冲神经网络硬件，但由于 CMOS 器件需要用多个晶体管来模拟一个突触或神经元，因此需要通过新的具有生物突触和神经元内在相似性的紧凑型物理结构，实现生物神经网络行为复制，或采用脉冲神经网络，更严格地模拟大脑的信息处理机制。

3.1.2 开源机器学习框架

开源机器学习框架包括统计学习开源工具、深度学习开源工具和强化学习开源工具等三个框架。

Scikit – learn 是专门针对机器学习开发的 Python 工具包，几乎包含了所有常见的机器学习算法和模型，不做机器学习领域之外的其他扩展，也不采用未经广泛验证的算法，使得其发展略显保守。Mahout 是基于 Java 语言的开源机器学习项目，重要特点是使用 Apache Hadoop 库，可以有效地扩展到 Hadoop 集群，解决并行挖掘的问题。MLlib 是构建在 Apache Spark 之上的开源机器学习库，重要特点是基于 Apache Spark，这决定了其在分布式大数据处理方面得天独厚的条件，并实现了机器学习常见算法。

TensorFlow 是目前最受欢迎的开源深度学习框架之一，是 Google 公司开源的，具有高度的灵活性、可移植性等特点，能很好地支持各种深度学习算法，提供了丰富的构建和训练机器学习模型的 API 库，支持经典机器学习算法，支持异构计算和分布式计算。TensorFlow 已被广泛地应用于语音识别或图像识别等多项机器学习和深度学习等领域。Caffe 是主要应用于视频、图像处理方面的开源深度学习框架，具有上手快、速度快、模块化和开放性好等特点，支持 GPU 计算，可以在 CPU 和 GPU 之间直接无缝切换，被广泛应用于计算机视觉、自然语言处理、语音识别等多个领域。

MXNet 是 Amazon 官方选择的开源深度学习框架，具有很好的灵活性和可扩展性，提供了多种语言接口，可以运行在 CPU、GPU、集群、服务器、台式机甚至是移动设备上，支持各种神经网络模型，甚至包括生成对抗网络（GAN）模型，在手写识别、语音识别、预测和自然语言处理等领域性能出色。

PyTorch 是机器学习框架 Torch 在 Python 语言环境的执行，是 Facebook 在 2017 年发布的专门针对 GPU 加速的深度神经网络编程的 Python 工具包，使用了强大的 GPU 加速的 Tensor 计算，以及基于磁带自动系统的深度神经网络，具有快速、轻量、高灵活性的特点。

TensorLayer 是 2016 年推出的深度学习与增强学习开源软件。TensorLayer 专为研究人员和工程师设计，建立在 TensorFlow 之上，提供高级别的深度学习 API。TensorLayer 具有易于使用、易于修改和易于扩展的优点，支持 GPU 计算，计算速度快，主要应用于多模式研究、图像转换和医疗信号处理等领域。

3.2 机器学习技术

3.2.1 传统机器学习技术

传统机器学习是一门涉及统计学、系统辨识、逼近理论、神经网络、优化理论、计算机科学、脑科学等诸多领域的交叉学科，研究计算机怎样模拟或实现人类的学习行为，以获取新的知识或技能，重新组织已有的知识结构使之不断改善自身的性能，是人工智能技术的核心。根据学习模式、学习方法以及算法的不同，机器学习存在不同的分类方法。

监督学习是利用已标记的有限训练数据集，通过某种学习策略/方法建立一个模型，实现对新数据/实例的标记（分类）/映射，最典型的监督学习算法包括回归和分类。监督学习在自然语言处理、信息检索、文本挖掘、手写体辨识、垃圾邮件侦测等领域获得了广泛应用。

无监督学习是利用无标记的有限数据描述隐藏在未标记数据中的结构和规律，最典型的非监督学习算法包括单类密度估计、单类数据降维、聚类等。主要用于经济预测、异常检测、数据挖掘、图像处理、模式识别等领域，例如组织大型计算机集群、社交网络分析、市场分割、天文数据分析等。

3.2.2 新一代传统机器学习技术

深度学习是建立深层结构模型的学习方法，典型的深度学习算法包括深度置信网络、卷积神经网络、受限玻尔兹曼机和循环神经网络等。深度学习又称为深度神经网络，其实质是给出了一种将特征表示和学习合二为一的方式。深度学习的特点是放弃了解释性，单纯追求学习的有效性。经过多年的摸索尝试和研究，已经产生了诸多深度神经网络模型，其中卷积神经网络和循环神经网络为代表。卷积神经网络常被应用于空间性分布数据，循环神经网络引入了记忆和反馈，常被应用于时间性分布数据。

强化学习是智能系统从环境到行为映射的学习，以使强化信号函数值最大。由于外部环境提供的信息很少，强化学习系统必须靠自身的经历进行学习。强化学习的目标是学习从环境状态到行为的映射，使得智能体选择的行为能够获得环境最大的奖赏，使得外部环境对学习系统在某种意义下的评价为最佳。其在机器人控制、无人驾驶、下棋、工业控制等领域获得成功应用。

迁移学习是指当某些领域无法取得足够多的数据进行模型训练时，利用另一领域数据获得的关系进行的学习。迁移学习可以把已训练好的模型参数迁移到新的模型指导新模型训练，可以更有效地学习底层规则、减少数据量。目前的迁移学习技术主要在变量有限的小规模应用中使用，如基于传感器网络的定位，文字分类和图像分类等。未来迁移学习将被广泛应用于解决更有挑战性的问题，如视频分类、社交网络分析、逻辑推理等。

主动学习通过一定的算法查询最有用的未标记样本，并交由专家进行标记，然后用查询到的样本训练分类模型来提高模型的精度。主动学习能够选择性地获取知识，通过较少的训练样本获得高性能的模型，最常用的策略是通过不确定性准则和差异性准则选取有效的样本。

演化学习对优化问题性质要求极少，只需能够评估解的好坏即可，适用于求解复杂的优化问题，也能直接用于多目标优化。演化算法包括粒子群优化算法、多目标演化算法等。目前针对演化学习的研究主要集中在演化数据聚类，对演化数据更有效的分类，以及提供某种自适应机制以确定演化机制的影响等。

小样本学习利用参数的先验分布，由小样本信息求得的后验分布，直接求出总体分布，使用概率去表示所有形式的不确定性，通过概率规则来实现学习和推理。观察到的每个训练样例可以增量地降低或升高某假设的估计概率，而不会是在某个假设与任一样例不一致时完全去掉该假设，并且需要概率的初始知识。当概率预先未知时，可以基于背景知识、预先准备好的数据以及基准分布的假定来提供估计这些概率的能力。

3.3 通用应用技术

3.3.1 计算机视觉

1. 图像理解

图像理解是通过用计算机系统解释图像，实现类似人类视觉系统理解外部世界的一门科学。通常根据理解信息的抽象程度可分为三个层次：①浅层理解，包括图像边缘、图像特征点、纹理元素等；②中层理解，包括物体边界、区域与平面等；③高层理解，根据需要抽取的高层语义信息，可大致分为识别、检测、分割、姿态估计、图像文字说明等。目前高层图像理解算法已逐渐广泛应用于人工智能系统，如刷脸支付、智慧安防、图像搜索等。

2. 三维视觉

三维视觉即研究如何通过视觉获取三维信息（三维重建）以及如何理解所获取的三维信息的科学。三维重建可以根据重建的信息来源，分为单目图像重建、多目图像重建和深度图像重建等。三维信息理解，即使用三维信息辅助图像理解或者直接理解三维信息。三维信息理解可分为：①浅层理解：角点、边缘、法向量等；②中层理解：平面、立方体等；③高层理解：物体检测、识别、分割等。三维视觉技术可以广泛应用于机器人、无人驾驶、智慧工厂、虚拟/增强现实等方向。

3. 动态视觉

动态视觉即分析视频或图像序列，模拟人处理时序图像的科学。通常动态视觉问题可以定义为寻找图像元素，如像素、区域、物体在时序上的对应，以及提取其语义信息的问题。动态视觉研究被广泛应用在视频分析以及人机交互等方面。平行视觉技术的人工场景，作为实际场景在虚拟空间的等价替代，可以在人工场景中如同在实际场景中一样收集视频数据，利用收集到的数据可以进行动态视觉的研究。

3.3.2 自然语言处理

自然语言处理是计算机科学领域与人工智能领域中的一个重要方向，研究能实现人与计算机之间用自然语言进行有效通信的各种理论和方法，自然语言处理是一门融语言学、计算机科学、数学于一体的科学，涉及的领域较多。自然语言处理技术包括基础技术和应用技术，其中：核心应用技术包括问答系统、知识图谱、自动文本摘要、信息抽取等。

1. 问答系统

问答系统分为开放领域的对话系统和特定领域的问答系统。问答系统技术是指让计算机像人类一样用自然语言与人交流的技术。尽管问答系统目前已经有了不少应用产品出现，但大多是在实际信息服务系统和智能手机助手等领域中的应用，在问答系统鲁棒性方面仍然存在着问题和挑战。

2. 知识图谱

知识图谱本质上是结构化的语义知识库，是一种由节点和边组成的图数据结构，以符号形式描述物理世界中的概念及其相互关系，其基本组成单位是"实体—关系—实体"三元组，以及实体及其相关"属性—值"对。知识图谱可用于反欺诈、不一致性验证、组团欺诈等公共安全保障领域。特别地，知识图谱在搜索引擎、可视化展示和精准营销方面有很大的优势，已成为业界的热门工具。

3. 自动文本摘要

自动文本摘要技术将冗长的文档内容压缩成较为简短的几段话，从而加速信息理解和吸收，有效解决信息过载问题。自动文本摘要需要解决的主要问题是如何充分利用文章的内容特征和文本结构来提高摘要的效率和准确率。

4. 信息抽取

信息抽取是指从非结构化/半结构化文本中提取指定类型的信息，并通过信息归并、冗余消除和冲突消解等手段将非结构化文本转换为结构化信息的一项综合技术。目前信息抽取已被广泛应用于舆情监控、网络搜索、智能问答等多个重要领域。

3.3.3　智能机器人

机器人是综合了机械、电子、计算机、传感器、控制技术、人工智能、仿生学等多种学科的复杂智能机械。智能机器人是第三代机器人，指具备不同程度类人智能，可实现"感知—决策—行为—反馈"闭环工作流程，可协助人类生产、服务人类生活，可自动执行工作的各类机器装置。智能机器人一般由环境感知模块、运动控制模块和人机交互及识别模块组成。

环境感知模块包括传感器、陀螺仪、激光雷达、毫米波雷达、单目相机、多目相机、红外摄像头、实景 3D 摄像头等用于模拟人类的视觉、触觉、听觉等感官，实现对环境参数的采集；运动控制模块包括舵机、机械手臂、控制传感器、移动模块等，用于模拟人类运动和操作等能力，是承载环境感知模块和"大脑"处理核心的重要载体；人机交互及识别模块包括语音语义识别、图像识别、机器学习等新一代人工智能技术，是第三代智能机器人的核心技术。

1. 多传感融合智能感知技术

各类传感器融合技术是机器人获取内、外部信息的关键技术，主要可以分为两类：一类是内部信息传感器，用于检测机器人各部分的内部状况，如各关节的位置、速度、加速度等，并将所测得的信息作为反馈信号送至控制器，形成闭环控制；另一类是外部信息传感器，用于获取有关机器人的作业对象及外界环境等方面的信息，以使机器人的动作能适应外界情况的变化，使之达到更高层次的自动化，甚至使机器人具有某种类人的"感觉"，具备智能化。

2. 基于 SLAM 的智能运动技术

各类移动或行走机器人中，无论是局部实时避障还是全局规划，都需要精确知道机器人或障碍物的当前状态及位置，以完成导航、避障及路径规划等任务。SLAM（Simultaneous Localization And Mapping）的含义是即时定位与地图构建，指的是机器人在自身位置不确定的条件下，在完全未知环境中创建地图，同时利用地图进行自主定位和导航。主要包括实时定位、绘制地图和路径规划三大核心技术。

3. 智能系统及控制技术

智能系统主要特征在于，其处理的对象不仅有数据，而且还有知识。对于知识的表示、获取、存取和处理的能力是智能机器人系统与传统机械系统的主要区别之一。智能系统需具有现场感知（环境适应）的能力，需与所处的现实世界的抽象进行交互并适应所处的现场，需体现自动组织性与自动适应性。目前，基于 Linux 内核的安卓系统和 ROS 系统是智能机器人的主要支撑平台。

智能控制系统的计算方法，与传统的计算方法相比，以模糊逻辑、基于概率论的推理、神经网络、遗传算法和混沌为代表的计算技术具有更高的鲁棒性、易用性及计算的低耗费性等优点，应用到机器人技术中，可以提高其问题求解速度，较好地处理多变量、非线性系统的问题；机器人云互联技术，利用云互联网络技术将各种机器人连接到计算机网络上，机器人的知识库源自云端，云端通过网络对机器人进行有效的协同控制。

4. 智能交互技术

智能机器人很难实现完全自主，需要与人进行交互，实现预期任务并反馈执行情况。智能机器人需向用户提供更友善自然的自适应的人机交互系统，在智能接口硬件的支持下，逐步实现自然语言人机直接对话，实现声、文、图形及图像等多介质人机交互，远期可通过脑波等生理信号与人交互，自适应不同用户类型，自适应用户的不同需求，自适应不同计算机系统的支持。目前，语音识别技术已较为成熟，语义理解和图像识别技术在新一代人工智能技术的促进下逐步完善，具有应用前景。

3.4 技术发展趋势

从基础资源层面，技术发展趋势有：①移动终端计算和感知能力的提升，促进终端AI与边缘计算技术快速发展，数据处理更多地从云端向边缘迁移，边缘智能进一步强化；②5G 传输网络更为普及，算法从只针对单一数据类型向如何融合图表、文本、图片、语音、视频等多模态的信息转变。

从机器学习层面，技术发展趋势有：①机器学习逐步向半监督、自监督甚至无监督机器学习转向，模型对于数据规模和质量的依赖降低；②自主学习技术逐渐成熟，搜索模型结构成本进一步降低，模型设计和优化逐渐由算法专家主导向模型自主学习转变。

从应用技术层面：技术发展趋势有：①人机协同混合智能把人对模糊、不确定问题分析与响应的高级认知机制与人工智能紧密耦合，形成双向的信息交流与控制，促进人的感知、认知能力和计算机强大的运算和存储能力相结合；②多种应用技术相互配合，使得人工智能能够同时实现物理外观的识别和物体属性的语义理解，提升认知层面的保真性。

第4章
业务应用需求及典型应用场景

4.1 规划业务应用

4.1.1 业务现状与需求

规划业务包括电网问题分析诊断、规划方案设计、项目优选、项目全流程管理、综合计划、统计分析等,涵盖电网从规划设计、投资建设、运行分析各个阶段。提高电网坚强可靠、经济高效、透明开放和友好互动水平,需要实现精准诊断、精准规划和精准投资,但仅依靠人工海量的数据处理方式已难以应对和执行复杂的流程。

在电网诊断方面,目前诊断分析工作主要靠人工或系统进行基于固定规则的量化诊断,缺少对各类非结构化数据和动态评估,无法对电网中潜在薄弱点进行前瞻性识别。

在负荷预测方面,仍有许多需要考虑的影响因素尚未用于预测,对于小地域需要了解负荷的持续发展特性,对于较大区域则需要获取基于不同地块性质判断的负荷空间分布情况,目前的负荷预测方法无法支撑上述需求。

在规划方案设计方面,线路及站点选址工作目前主要依靠人工进行,并且选址前或政府批地后需要大量的现场勘察工作,同时还存在某些位置不可达、无法进入现场或地上物不易勘察等多种问题,这部分工作的工作量极大且耗时长成本高。

在电网精准投资方面,目前在技改大修等项目规划初期,由于缺乏数据支撑与精确的模型分析,对线路、配变等设备的投资规划缺乏科学依据,部分情况下投资分析存在误差。精准投资评判维度经常出现随着公司政策、政府规划政策等因素动态调整,精准投资分析模型也需要动态调整。

4.1.2 场景展望

1. 电网诊断

电网诊断分析是一项需综合考虑整个网架及各种设备的综合性复杂工作,具有网状拓扑结构和节点多等特点,是典型图数据特征。因此可基于图计算技术进行大量的图上数据分析,如通过计算图上关键节点、关键边的方式,发现配电网海量元件中的关键元件,或发现网架中的关键线路,在此之上可通过图上机器学习算法,学习海量历史数据,智能化地诊断分析电网运行情况,发现薄弱环节。

2. 多因素负荷预测

电网负荷预测是典型的时间序列分析问题，在技术上目前已发展成熟且已在工业界应用，但其难点仍在于特征选取，而通过基于基础数据进行构建二次特征的方法，如利用气象数据构建是否为极端天气、连续高温天数等特征，使用深度学习等人工智能方法，能够完成负荷预测和特征相关性分析，在支撑负荷预测的基础上，发现负荷影响因素，更有针对性地支撑规划等后续工作。

3. 智能化规划方案设计

通过机器视觉技术扫描无人机和卫星遥感技术能便捷获取目标区域实时影像信息，自动建立站址及线路周边数字高程模型和区分重要设施、敏感点、环境种类等；根据已有地理信息，自动推荐备选变电站站址、自动规划可行线路路径，同时配合通用设计方案和通用造价等经济方案数据为设备选型和投资效益进行估算。

4. 电网精准投资

在构建指标体系的基础上，通过知识图谱的方式，将项目相关实体、政策、经济效益、社会效益和安全影响等评估要素的相关信息整合为结构化的知识图谱，发现候选项目相似项目并对存在的风险和收益进行分析和评估，实现项目风控。也可根据特定政策或倾斜要素，寻找符合预期要求的特定项目，实现精准投资。在项目进行过程中，当政府或公司政策等要素发生变化或某项目出现风险时，可根据关联关系及时调整相关项目进程和决策，及时规避风险，防止系统性风险带来的损失，实现风险预判。

4.2 调度控制业务应用

4.2.1 业务现状与需求

调度控制业务主要包括运行调度、故障处理方案优化、调控交互、设备运行评估、故障自动研判等。

运行调度包括值班调度员作为电网运行、操作和故障处置的指挥人，按照规定发布调度指令。调控机构受上级调控机构值班调度员的调度指挥，接受并执行调度指令的同时需要对调度指令的正确性负责。随着电网规模不断扩大，设备类型不断丰富，导致系统运行场景愈加复杂，当前的调度控制技术在面对多目标、多主体的运营模式中存在较为明显的短板和不足。

在故障处理方案优化方面，目前对调用"手拉手"线路的选择判断较为主观，没有综合考虑配网的拓扑结构和"手拉手"线路的输电容量，且对停电用户的恢复优先级缺乏逻辑判断，常导致恢复工作资源调配不合理，无法全面准确掌握停电区域的影响。希望通过人工智能技术对恢复工作中的线路资源支持和用户恢复顺序提供最优解决方案，提高停电事故恢复工作的速度和有效性，将用户所受影响降到最低。

在调控交互方面，调度人员之间电话沟通工作量大且重复率高，运维人员通过电话汇报调控人员工作票内容、检修任务、试验结果、存在问题等，调控工作效率不高。

在设备运行评估方面，现有的设备状态评价方法在模型上有合理性，然而也存在人工过度干预的问题，各类因素对设备状态的影响性存在主观臆断。

在故障自动研判方面，当发生跳闸事故之后，需要根据保护装置跳闸报告、故障测距和故障录波装置事故报告、故障测距、录波信息进行综合分析判断。但对于某些复杂或连锁故障，存在故障原因难于判断导致故障恢复方案针对性不强，故障恢复过程存在风险等问题。

4.2.2　场景展望

1. 停电事故恢复方案优化

对各变电站及线路的负荷能力数据、位置关系数据、各区域用户用电需求进行判断，并对各类用户失电恢复优先级进行标注；基于经济影响、社会影响等多方面因素综合考量用户失电恢复优先级，结合对可调用资源的统筹和对用户重要性的判断，生成故障恢复方案模型，为指挥人员处理停电事故提供辅助参考。

2. 智能调度机器人

主要需求理解、对话控制及底层的自然语言处理、知识库等技术实现智能语音处理，对口音、方言、口语化表达习惯、专业词汇等多方面因素，客户使用环境背景的杂音、句子的停顿、打断等因素进行处理，积累包含当地方言在内的自然语言样本，电网设备检修专业术语，以及实际业务场景中持续更新的术语及需求信息。

3. 设备事态趋势感知

利用设备参数、运行年限、状态信息、历史故障、缺陷隐患、在线监测等各类数据进行设备画像，判断设备未来的趋势进行智能判断，判断设备是否存在运行风险，对设备状态进行综合评估。通过人工智能技术感知设备运行状况，对设备的健康状况进行科学的状态评价，指导调控人员和运维人员重点关注个别存在隐患的电力设备，对设备的事态趋势进行科学的感知。

4. 故障自动研判

利用已有大量积累的跳闸动作报告和故障录波的波形、现场实际故障点照片、故障原因分析，对跳闸动作报告和故障录波的故障波形、现场实际故障点照片、故障原因分析等数据进行标注，进行人工智能的深度学习、分类，进行综合分析判断故障类型、故障点、故障原因。

4.3　系统运维业务应用

4.3.1　业务现状与需求

运维业务主要负责不同电压等级电网、变电站及相关设备的运维、检修、管理工作，涉及数量庞大的设备群体与用户群体。

变电专业主要负责维护市区区域的变电站，负责变电站检修工作和运维工作。输电专业是通过各种手段，将杆塔和输电线路连接起来，且能够通过各种终端设备获取杆塔和输电线路的信息、状态，做到全面感知。配电专业工作需要管理维护变电站到入户前所有低压线路、变压器、变电箱以及相关设备。

输、变、配电各专业已初步实现自动化监控水平与数据分析能力，借助大数据与人工智能技术，可将现有技术升级、实现新方式方法来提高工作智能化水平与预测分析能力。

输电专业为保证输电线路正常稳定工作，涉及电网主要灾害预警预报、多源图像识别分类及隐患分析、大数据线路故障智能诊断和状态评估、智慧输电线路等诸多需求。

变电专业为保障变电站设备安全稳定运行，涉及变电设备故障智能诊断和状态评估、运维倒闸操作过程语音识别记录存档、施工图识别转化可记录文档、变电站智能物联巡检、大数据变电检修故障分析及决策优化等需求。

配电专业为更好地向用户侧提供供电服务，涉及配电网末端全景感知、大数据配电网运行预警监控、台区数据健康分析、区域电网负荷分析预测、大数据配电区域电力需求分析与改造、配电网灾害防御智能决策支持、营配贯通拓扑识别与智能检测等需求。

4.3.2 场景展望

1. 电网灾害预警预报

电网主要灾害的成灾机理非常复杂，对灾害发生可能性和严重程度的预警、预测需综合考虑气象参数、地形地质特性和线路自身结构特性等的耦合影响，无法用传统的方法建立考虑全部影响因素的物理和数学模型。结合已有电网主要灾害事故记录，利用深度学习算法等挖掘主导影响因素，建立影响参数和灾害特征之间的映射关系；并基于小样本深度学习技术，完善基于气象—监测—线路结构—灾害发生—破坏程度等环节的一体化灾害智能预警模式，解决目前灾害预报预警精度不足的难题。

2. 设备类型识别及隐患分析

基于图像识别技术，收集、整理 PMS 系统监测图片、在线监测图片等多源监测数据，基于大量图像样本开展可视化数据的缺陷识别，实现对监测图像中隐患的识别与分类，全面提升监测数据的利用效率，及时掌握线路运行状态。基于深度学习的可视化巡检图像智能识别应用积极开展基于机器学习的图像识别方法研究，引入深度学习算法开展样本图像训练，逐步实现基于巡检图像的关键设备缺陷识别，实现对"三跨"监测图像中隐患的识别，全面提升监测数据的利用效率。

3. 设备故障智能诊断和状态评估

对现有海量数据进行智能融合和深层特征提取，对输电线路的潜在缺陷进行深层识别和评估，并重点解决老旧线路运行状态评估的难题。变电设备状态评估和故障诊断技术需要摆脱以往基于单一逻辑法则的方式，利用人工智能技术应用多维度设备状态信息，建立应用多源异构数据的广域多维度深度学习复合模型，通过对变电站设备状态数据的深度学习，实现对设备故障的准确研判和设备状态的评估分析，大幅提升设备状态评价的准确性和时效性。

4. 变电站智能物联巡检

利用图像分析算法对设备监控图像进行分析，配合图像识别算法对不同季节、时间、光照、天气等条件进行识别优化。对场景进行分类分析、聚类分析、关联分析，建立常见异物模型，从电子围栏、电子哨兵、红外对射等系统获取短路信号，联动视频对防区环境进行监控，并根据历史数据中的短路时间、短路时长等属性分类分析、聚类分析，建立报警有效性模型，避免误报。从微气象获取区域天气参数，参考温湿度，根据气象模型分析区域降雨量大小，提取水浸系统数据监控并报警，过程中将参数归入气象模型，供优化判据。

5. 变电检修故障分析

通过海量数据清洗智能化、对存量和后续增量监控数据进行有效长效智能清洗关联解析，利用大数据分析技术和人工智能技术，形成全类事件分析智能化功能，帮助监控人员在设备故障、跳闸后能快速判别事故类型、位置、相关设备、影响范围，给出辅助性意见，协助监控人员快速处理故障。建设日、周、月监控报表的自动生成工具，自动按要求抽取监控运行数据进行特定分析，形成定格式的监控报表、报告，节约以往手工在多个数据源中搜索、人工统计、分析所耗费的大量时间，减少人工干预的错、漏情况，提高监控管理人员快速了解电网设备运行概况的能力。

6. 配电网灾害防御

利用自然语言处理与知识图谱等技术，对配电网灾害应对领域知识进行形式化建模与知识化推理，实现数据与知识、系统与人之间的自然贯通，将灾害应对由"固定规则—局部决策"模式向"知识推理—全景感知"模式的转变，有效提升配电网应对台风、冰雪等自然灾害的能力。

4.4 营销业务应用

4.4.1 业务现状与需求

营销业务涉及电价、电量等用户管理，同时为业务管理、用户服务。其中电价变化直接影响电网公司的经济效益，引发电价变化的因素包括国家宏观调控政策、发电、输电、配电费用、维修管理费等。电价与电量互为因果，售电量除天气、经济、节假日、社会事件及相关政策等因素综合影响，还受抄表例日、电费发行等业务因素影响。供电企业作为国家和政府服务部门，需要加强电费风险规避机制，建立以客户需求为导向以支撑营销业务快速发展为主线，以深化营销业务系统应用为基础，以拓展电费回收风险防控分析为重点应用的新型客户互动服务体系。加强电价的宏观预测、售电量智能预测、电量电费风险防控将有效降低营销风险，促进营销业务平稳发展。

在精准用户分析方面。国家层面明确要求向社会资本开放售电市场，众多售电公司纷纷涌现，争夺存量用电客户的同时也抢占增量市场。增强客户对电网企业的依赖黏性，积极抢占优质客户资源市场，是电网企业提升市场竞争力的必然选择。目前这用户分析方面，对于用户用能画像、用户诉求和潜力识别等业务领域都存在较大空白。

在智能诊断分析方面，营销拥有大量电表、用电采集终端设备，基于采集终端采集的数据，为提供高效、优质的供电服务，对出现问题的设备快速定位分析、保证供电台区内的健康供电，面对众多的计量设备有大量重复性的工作。

在优化营商环境方面，为提供优质便捷的服务，利用人工智能技术建设服务类辅助虚拟助手、营业厅VTM智能对话机器人、微信小程序与公众号智能对话服务、综合能源销售虚拟助手，未来将打造智能营业厅、智能充电站，在营业厅对经过实践的各类电器设备用电情况准确详实地推广给消费者。通过智能充电站对充电桩、站合理规划，实时监测充电桩健康状态，允许在充电站进行投放广告，扩大充电站的社会影响。

4.4.2 场景展望

1. 宏观电价预测

随着全球市场化趋势的到来，电力行业逐渐走向市场竞争。作为电力核心因素之一，电价随市场需求变化，反过来又影响需求量。在营销业务管理中，宏观把握电价，从而涉及营销业务量和经济效益预测，将有助于掌握市场先机，从而指导营销经营策略。目前，由于电力行业的基础性产业属性，电价对于其他产业产品的影响具有拉动效应，因此电价由政府监管，从宏观角度确定适当的价格，电力市场的需求弹性对电价也有重要影响。传统的基于数据的趋势预测已经不准确，宏观电价预测涉及多个方面，需要综合考虑国家宏观调控政策、市场需求、企业经营目标和生产成本等多种影响因素。

2. 售电量预测

售电量不仅受天气、经济、节假日、社会事件及相关政策等因素综合影响，还受抄表例日、电费发行等业务因素影响。对历史售电量增长情况进行分析时，需要对极端高温、春节、抄表例日调整等因素导致的异常电量分别进行分析和剥离，准确分析售电量的实际发展趋势。

3. 电费风险防控

受外部各类政策及经济形势等影响以及风险预防手段单一，客户拖欠电费、违约用电等行为时有发生，需要对客户电费回收风险进行评级和形成客户信用评价报告，防范电费回收风险。同时将电力营销数据与外部数据融合、加工，可以形成客户信用评级，输出至政府、金融机构等企事业单位开发应用，促进电力数据增值变现。

4. 优质客户识别

通过收集营销、采集、财务、95598等业务应用系统中数据信息，综合分析各种影响客户综合价值的因素，建立客户价值评价特征指标体系，对优质客户进行识别。基于专家监督开展模型判定结果纠正，不定期对模型判定结果进行有效性分析，不断完善模型训练样本集的途径实现模型迭代升级，建立模型版本升级优化的长效机制。

5. 营业厅新零售

通过机器学习、深度学习生成客户标签，提高客户画像的精准度，了解并预测用户的产品和服务需求，帮助营业厅营销人员面向用户推荐个性化营销方案；利用实体服务机器人采用融合语音、语义、NLP、计算机视觉等多种人工智能技术的提供导览、电网产品服务咨询、业务预受理等服务；线上使用虚拟导购，采用语音、语义、NLP、计算机视觉等多种人工智能技术，给用户提供与真人无差别服务。

6. 智能充电站

通过收集与分析充电相关数据，搭建用户画像技术架构驱动用户行为分析，帮助企业从全方位、多层次的了解用户行为特征，把握用户行为方向，对不同用户提供差异化的营销策略引导用户消费行为，提升客户体验度。通过分析用户历史行为对用户兴趣进行建模，通过大数据及智能搜索引擎，构建用户营销策略并主动向用户推荐可能满足兴趣和需求的信息。通过深度神经网络算法自动挖掘用户行为数据，从用户的行为中构建用户画像结合充电桩运行状态，从而构建差异化的营销策略推荐给用户。对充电桩健康状态实时评价、对充电桩的主要组成单元、充电桩总体进行健康评估，按照评分结果分为正常、注意、异常、严重四类，根据分类结果对充电桩制定巡检计划，实现充电桩待机功耗的计算，为不同厂家、型号充电桩性能评价提供数据支撑。

4.5 基建业务应用

4.5.1 业务现状与需求

基建业务负责执行公司建设管理制度和技术标准；负责所辖工程建设进度、安全、质量、技术、造价管理；负责相应电压等级电网项目初设审批，所辖工程结算管理，相应电业等级电网项目建设队伍招标专业管理等工作。核心关注点为安全管控、人员管控、质量管控、进度管控等。

（1）在安全管控方面，主要针对现状作业风险、隐患情况，通过制定规范、明确流程、现场跟踪等情况进行。当前基建现场作业现场安全监督主要通过：

1）安全督察队员，每天到不固定的基建现场，对现场工作人员进行安全督察，发现并记录违章行为；

2）通过现场作业安全管控平台（安监专业）对现场作业人员进行实时监控；

3）通过电子眼对基建现场常见的脚手架搭设、高空作业人员行为、防坠自锁器使用、大型起吊设备挂钩保险、钢丝绳紧固线卡、基坑堆土高度及围栏临边距离等七大类违章进行建模，实现自动识别告警。

（2）在人员管控方面，运用了图像识别技术进行人员信息识别，图像识别应用成果包含人脸识别技术的应用，目前该技术已支持基建移动应用项目人脸打卡考勤、站班会多人脸识别等功能的应用，同时满足督导检查、人员配置核实等现场管理需要。有不少施工人员为临时招募、涉及省外户籍人口、暂无法打通公安户籍系统进行人脸库身份验证。施工人员在工作过程中的违章行为还不能通过智能识别方式确定人员身份。

（3）在质量管控、进度管控方面，目前几乎没有人工智能的应用，只是由人工监督、抽查进行质量方面管控，现场确认来判断工程进度。

4.5.2 场景展望

1. 基建现场行为分析

在基建现场部署视频采集终端，将视频分析汇集到后端视频智能分析平台，该平台将对基建现场固定视频，以及移动巡检视频进行样本模型训练，在训练环境建立大量的样本数据库，然后选择合适算法训练深度学习模型，并不断扩展样本、优化模型参数，得到最合适的深度学习模型。将深度学习模型发布到生产环境，利用深度学习模型自动识别视频中的人员、安全帽等目标对象及违章行为。

2. 现场人员管理

结合现有工程人员信息库，用摄像机或摄像头采集含有人脸的图像或视频流，通过OCR、活体检测、人脸识别等技术完成身份审核。结合作业现场安全管控平台对人脸识别完成对作业人员行为违章的身份确认。

第 5 章
关键技术分类及重点研发方向

5.1 关键技术分类

5.1.1 小样本学习技术

近年来，人工智能的飞速发展离不开深度学习技术，但是深度神经网络的成功往往依赖于收集大量昂贵的标记数据，而在实际业务场景中，数据类别繁杂，难以为每个类别都收集到足够的训练样本，且为训练样本人工标注的代价过于高昂。小样本学习是机器学习的一个分支，用于解决当可用的数据量比较少时，如何提升神经网络的性能，是未来 AI 发展的一个重要方向。当数据量巨大但较混乱的情况下，深度学习能发挥优势，而在数据量较少而清晰的情况下，小样本学习占领上风。在电力应用领域，目前深度学习已经广泛应用到企业信息搜索、缺陷图像识别、语音识别、地理数据等各个领域。当然，两种学习方法在不同的任务上还是独具特色，未来需要大幅提升人工智能的应用水平，一定是两种技术彼此借鉴，相互融合的状态。

5.1.2 计算机视觉技术

计算机视觉主要涵盖计算成像学、图像理解、三维视觉 、动态视觉、视频编解码、AR/VR 等几个方向。目前，计算机视觉技术发展迅速，已具备初步的产业规模。未来计算机视觉技术的主要发展方向有下述三类。

（1）如何在不同的应用领域和其他技术更好的结合，进一步提高使用精度。

（2）通过小样本学习，如何降低计算机视觉算法的开发时间和人力成本。

（3）如何加快新型算法的设计开发，快速适配成像硬件与人工智能芯片。计算机视觉技术广泛应用于人脸核验、图像识别、视频监控等通用行业场景。在电力应用领域，应用到基建、办公、人力专业的人脸识别、财务专业的证照识别、票据识别等，设备专业的变电站智能巡检等。

5.1.3 边云协同技术

边云协同是边缘计算部署和应用场景需要边缘侧与中心云的协同，包括资源协同、应用协同、数据协同、智能协同等多种协同。边云协同机制，即数据上行（数据训练在云端），知识下行（模型下发端侧执行）。未来，前端边缘设备逐步具备本地计算 & AI 推断、云端配置同步等能力，通过统一的边云协同管理平台，提供海量边缘管理能力，并且对接不同应用生产生态，提供强大的应用集成、测试、管理和分发的能力。在电力应用领域，目前在云端统一进行智能检测和处理还是占大多数，但随着 AIOT 的逐渐兴起，越来越多的应用场景朝着边缘智能发展。如无人机巡检在机载计算平台中实时进行故障检测、资产盘点等，变电站智能摄像头在前端进行安全管控类监测。

5.1.4 多模态分析推理技术

多模态分析推理技术既表现为包括网络文本、图像、音频、视频等复杂媒体对象混合并存，又表现为各类媒体对象形成复杂的关联关系和组织结构，还表现在具有不同模态的媒体对象跨越媒介或平台高度交互融合。通过"多模态"能从各自的侧面表达相同的语义信息，能比单一的媒体对象及其特定的模态更加全面地反映特定的内容信息。相同的内容信息跨越各类媒体对象交叉传播与整合，只有对这些多模态媒体进行融合分析，才能尽可能全面、正确地理解这种多模态综合体所蕴涵的内容信息。多模态分析推理技术主要包括多模态检索、多模态推理、多模态存储几个研究范畴，可应用于网络内容监管、舆情分析、企业信息检索、智能巡检中的自动驾驶、智能穿戴设备等场景。在电力应用领域，多模态分析推理技术应用于电网发展业务精准投资、文件规定智能检索、企业风险智能预测、能源销售虚拟助手等。

5.1.5 自主无人系统技术

自主无人系统能够通过先进的技术进行操作或管理而不需要人工干预的系统，由机械、控制、计算机、通信、材料等多种技术融合而成的复杂系统。自主无人系统可应用到无人驾驶车辆、无人机、营销、财务服务机器人等场景中，并实现降本增效的作用。自主性和智能性是自主无人系统最重要的两个特征。人工智能无疑是发展智能无人自主系统的关键技术之一。利用人工智能的各种技术，如图像识别、人机交互、智能决策、推理和学习，是实现和不断提高系统这两个特征的最有效的方法。在电力应用领域，自主无人系统技术应用于巡视、检测、检修一体的架空地线智能机器人装备，能跨越不同塔型的各类障碍替代人工作业，提高地线运维效率。

5.2 重点研发方向

5.2.1 基于机器学习的概率预测技术

在复杂天气条件下，光伏出力短时波动较大，确定性预测方法的预测精度将显著降低，将影响电网的安全稳定运行。概率预测方法以光伏设备在预测时刻的出力概率分布为输出，即给出预测时刻光伏设备所有可能的出力值及其概率，从而对预测点的不确定性进行描述。调度系统可利用预测的区间大小评估光伏出力的波动情况，从而考虑极端状况下的调度策略，提高电网的安全性。风能与光能相比，由于风速本身存在波动过程以及"风速-功率"转换关系中的不确定性，需要通过人工智能技术对风速、风向等历史数据以及数值天气预报的时空特征进行建模，实现不同时间尺度下的功率预测。

5.2.2　基于深度强化学习的优化控制技术

目前电网控制策略通过大量的分析计算形成，针对未来运行工况多变的复杂大电网难以完全覆盖，随着电网规模和复杂性、不确定性进一步增大，控制策略越来越难以制定，传统控制方法的有效性也进一步降低，基于物理模型的仿真分析方法包含的假设和简化，不能反映系统真实情况。同时，过程仿真则采用多次试算得到控制策略，效率不高。因此，可通过深度学习、强化学习等人工智能技术分析电网运行环境信息，并根据不同运行方式和电网运行状态迅速给出控制方案。

5.2.3　基于混合增强智能的电网调度技术

电网调控是典型的人在回路控制系统，调度员和机器智能相互配合，共同保障电网安全运行。随着大规模新能源的广泛接入和多类型设备的泛在互联，电力系统开放演化的特征日趋明显，大电网演进为动态演化的复杂系统，需要持续探索自主趋优的调控策略，保证电网的高效稳定运行。而调控混合智能涉及多人多机的复杂协作，具有人机交互耦合深刻、影响发展因素众多、涵盖对象层次多样的特点。因此，需要不断根据调控环境改进人机混合智能，保证其能持续满足大电网不确定性、开放性、脆弱性条件下的调控应用需求。

5.2.4　基于迁移学习的智能诊断技术

电力系统输变电设备，由变压器以及输电线路等构成，故障类型包括很多种，常见的故障有元器件破裂、卡死、破损等。设备故障发生后，电力系统的运行会受到阻碍，电力用户的正常用电同样会受到影响，及时诊断故障，并将其及时解决，是减轻故障负面影响的关键，对于电力领域及电力用户而言，都极其重要。

变电设备状态评估和故障诊断技术需要摆脱以往基于单一逻辑法则的方式，利用人工智能技术应用多维度设备状态信息，建立应用多源异构数据的广域多维度深度学习复合模型，通过对变电站设备状态数据的深度学习，实现对设备故障的准确研判和设备状态的评估分析，大幅提升设备状态评价的准确性和时效性。

5.2.5　基于知识图谱的故障处理技术

随着特高压电网和新能源的快速发展，电网故障形态日益复杂，电网故障处理对调控人员综合业务能力的要求不断提高。故障发生时，要求调控人员实时分析电网运行薄弱环节，全景监视风险防控重点部位，准确快速判断故障原因并采取事故恢复措施。目前调度控制系统以监视、分析为主，决策与执行环节大都依赖调控人员的经验积累和应变能力，各类调度操作规程、事故预案、监控处置方式等大量文本形式的知识均需由调控人员进行反复记忆和查询。这种故障处置方式不仅容易产生疏忽或遗漏，执行效率较低，且调控经验和能力难以共享和传承，故障处理的精准性和规范性很难得到保证。

为应对未来愈加复杂的电网故障形态，突破依赖经验的调度决策与操作瓶颈，亟需借助人工智能技术，将调控人员的经验和操作逻辑提炼为知识，丰富故障判断和恢复决策手段，帮助调控人员主动、快速、全面地掌控故障处理的关键信息，为故障处理提供相应的辅助决策。

5.2.6 基于智能机器人的智能客服技术

传统客服人员需要进行全面、系统的专业客服业务培训来掌握相关专业知识，由于客服人员对知识储备的差异性可能导致其解答用户诉求精准度低、时效性差等问题，因而有必要构建完备的知识库用以辅助电力客服人员。其中包括：①通过整理并形成电力主题词典，构建用于定义和描述电网概念体系的本体库，包含电网通用概念图谱以及拓扑概念图谱；②基于电网本体库的规范，综合考虑电网语料的特点，探索并构建适用于电网领域知识图谱实体识别、关系抽取、属性抽取、实体链接、图谱融合与补全技术。

5.2.7 基于群体智能的协同运行技术

需求侧管理是能源互联网建设需要考虑的重要内容之一。目前，用户积极响应需求侧管理方案可平滑电网的负荷曲线已经得到了广泛的认可。衡量需求侧管理是否成功的关键指标是用户参与度，用户希望能够通过参与需求侧响应实现最优化的用电性价比。因此，除加大对用户的宣传教育等传统方法以外，需要设计一种能够从根本上吸引用户积极参与的需求响应方案。

用户面对方案的实际响应和参与情况，往往是随机的，用户选择参与需求响应后所采取的用电方案在实际中不一定能确实有效地执行，往往会有相对地提前、延后甚至是用电需求容量、需求电压的改变。基于这种不确定性的存在，用户在与电力公司的实际合作中会有临时性，也就是基于外界供电环境、自身用电条件、区域电网有其他用户引起的变化而产生概率性的行为。群体智能利用分布式调度策略使每相邻的两个智能体交互信息，通过局部通信获得信息，单个智能体以此来控制自身的行为，进而使整个系统完成某种控制目标。大量个体组成多智能体系统，个体控制自身的行为要依据相邻个体之间交互的信息，使系统的整体行为走向全局最优。

第6章
基于专利的企业技术创新力评价

为加快国家创新体系建设，增强企业创新能力，确立企业在技术创新中的优势地位，一方面需要真实测度和反映企业的技术创新能力，另一方面需要对企业的创新活动和技术创新力进行动态监测和评价。

基于专利的企业技术创新力评价主要基于可以集中反映创新成果的专利技术，从创新活跃度、创新集中度、创新开放度、创新价值度四个维度全面反映电力信息通信人工智能领域的企业技术创新力的现状及变化趋势。在建立基于专利的企业技术创新力评价指标体系以及评价模型的基础上，整体上对人工智能领域的申请人进行了企业技术创新力评价。为确保评价结果的科学性和合理性，人工智能领域的申请人按照属性不同，分为供电企业、电力科研院、高等院校和非供电企业，利用同一评价模型和同一评价标准，对不同属性的申请人开展了技术创新力评价。通过技术创新力评价全面了解人工智能领域各申请人的技术创新实力。

以电力信息通信人工智能领域已申请专利为数据基础，从多维度进行近两年公开专利对比分析、全球专利分析和中国专利分析，在全面了解人工智能领域的专利布局现状、趋势、热点布局国家/区域、优势申请人、优势技术、专利质量和运营现状的基础上，从区域、申请人、技术等视角映射创新活跃度、创新集中度、创新开放度和创新价值度。

6.1 基于专利的企业技术创新力评价指标体系

6.1.1 评价指标体系构建原则

围绕企业高质量发展的特征和内涵，按照科学性与完备性、层次性与单义性、可计算与可操作性、动态性以及可通用性等原则，构建一套衡量企业技术创新力的指标体系。从众多的专利指标中选取便于度量、较为灵敏的重点指标（创新活跃度、创新集中度、创新开放度、创新价值度），以专利数据为基础构建一套适合衡量企业创新发展、高质量发展要求的评价指标体系。

6.1.2 评价指标体系框架

评价企业技术创新力的指标体系中，一级指标为总指数，即企业技术创新力指标。二级指标分别对应四个构成元素，分别为创新活跃度指标、创新集中度指标、创新开放度指标、创新价值度指标，其下设置 4～6 个具体的三级指标，予以支撑。

1. 创新活跃度指标

本指标是衡量申请人的科技创新活跃度，从资源投入活跃度和成果产出活跃度两个方面衡量。创新活跃度指标分别采用专利申请数量、专利申请活跃度、授权专利发明人数活跃度、国外同族专利占比、专利授权率、有效专利数量 6 个三级指标来衡量。

2. 创新集中度指标

本指标是衡量申请人在某领域的科技创新的集聚程度，从资源投入的集聚和成果产出的集聚两个方面衡量。创新集中度指标分别采用核心技术集中度、专利占有率、发明人集中度、发明专利占比 4 个三级指标来衡量。

3. 创新开放度指标

本指标是衡量申请人的开放合作的程度，从科技成果产出源头和科技成果开放应用两个方面衡量。创新开放度指标分别采用合作申请专利占比、专利许可数、专利转让数、专利质押数 4 个三级指标来衡量。

4. 创新价值度指标

本指标是衡量申请人的科技成果的价值实现，从已实现价值和未来潜在价值两个方面衡量。创新价值度指标分别采用高价值专利占比、专利平均被引次数、获奖专利数量和授权专利平均权利要求项数 4 个三级指标来衡量。

本企业技术创新力评价模型的二级指标的数据构成、评价方法在附录中进行详细说明。

6.2 基于专利的企业技术创新力评价结果

6.2.1 电力人工智能领域企业技术创新力排行

表 6－1　　　　　　　　　　电力人工智能领域企业技术创新力排行

申请人名称	技术创新力指数	排名
国网山东省电力公司电力科学研究院	81.1	1
中国电力科学研究院有限公司	74.2	2
华北电力大学	73.5	3
河海大学	73.0	4
山东大学	72.9	5
上海电力学院	72.1	6
广东电网有限责任公司电力科学研究院	72.0	7
国网湖南省电力有限公司	71.2	8
南瑞集团有限公司	70.4	9
广州供电局有限公司	69.9	10

6.2.2 电力人工智能领域供电企业技术创新力排名

表 6－2 电力人工智能领域供电企业技术创新力排行

申 请 人 名 称	技术创新力指数	排名
国网湖南省电力有限公司	71.2	1
广州供电局有限公司	69.9	2
国网天津市电力公司	67.7	3
国网福建省电力有限公司	67.1	4
国网山东省电力公司济南供电公司	66.5	5
国网江苏省电力有限公司	65.1	6
国网辽宁省电力有限公司	65.1	7
国网上海市电力公司	62.6	8
国网北京市电力公司	61.9	9
广东电网有限责任公司	60.7	10

6.2.3 电力人工智能领域电力科研院技术创新力排名

表 6－3 电力人工智能领域电力科研院技术创新力排行

申 请 人 名 称	技术创新力指数	排名
国网山东省电力公司电力科学研究院	81.1	1
中国电力科学研究院有限公司	74.2	2
广东电网有限责任公司电力科学研究院	72.0	3
全球能源互联网研究院	66.8	4
国网江苏省电力有限公司电力科学研究院	65.9	5
国网电力科学研究院武汉南瑞有限责任公司	64.2	6
贵州电网有限责任公司电力科学研究院	63.5	7
云南电网有限责任公司电力科学研究院	63.1	8
国网冀北电力有限公司电力科学研究院	61.3	9
南方电网科学研究院有限责任公司	60.3	10

6.2.4 电力人工智能领域高等院校技术创新力排名

表 6－4 电力人工智能领域高等院校技术创新力排行

申 请 人 名 称	技术创新力指数	排名
华北电力大学	73.5	1
河海大学	73.0	2

申 请 人 名 称	技术创新力指数	排名
山东大学	72.9	3
上海电力学院	72.1	4
西安交通大学	69.9	5
华中科技大学	69.6	6
浙江大学	68.6	7
东北大学	68.2	8
清华大学	68.1	9
东南大学	68.1	10

6.2.5 电力人工智能领域非供电企业技术创新力排名

表 6－5   电力人工智能领域非供电企业技术创新力排行

申 请 人 名 称	技术创新力指数	排名
南瑞集团有限公司	70.4	1
北京国电通网络技术有限公司	67.4	2
北京中电普华信息技术有限公司	65.6	3
北京金风科创风电设备有限公司	54.5	4
北京科东电力控制系统有限责任公司	52.4	5
珠海格力电器股份有限公司	52.2	6
智洋创新科技股份有限公司	41.3	7
安徽继远软件有限公司	38.2	8
江苏电力信息技术有限公司	36.2	9
上海积成能源科技有限公司	31.8	10

6.3 电力人工智能应用领域专利分析

6.3.1 近两年公开专利对比分析

本节重点从全球主要国家/地区专利公开量、居于排行榜上前 10 位的专利申请人和前 10 位的细分技术分支三个维度对比 2019 年和 2018 年的变化。

6.3.1.1 专利公开量变化对比分析

如图 6－1 所示，在全球范围内看整体变化，2019 年的专利公开量增长率相对于 2018 年的专利公开量增长率降低了 28 个百分点。2018 年专利公开量的增长率为 69.8％，2019 年专利公开量的增长率为 42.1％。

各个国家/地区的公开量增长率的变化不同。2019 年相对于 2018 年的专利公开量增

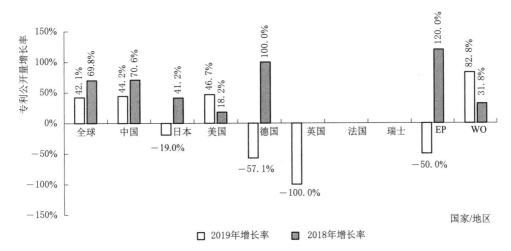

图 6-1 全球专利公开量增长率对比图（2018 年度和 2019 年度）

长率升高的国家/地区包括美国和 WO。2019 年的专利公开量增长率相对于 2018 年无变化或降低的国家/地区包括中国、日本、德国、英国、法国、瑞士和 EP。

美国 2019 年的专利公开量增长率相对于 2018 年的专利公开量增长率增长了 28.5 个百分点。WO 2019 年的专利公开量增长率相对于 2018 年的专利公开量增长率增长了 50.9 个百分点。

中国 2019 年的专利公开量增长率环比降低了 26.4 个百分点。日本 2019 年的专利公开量增长率环比降低了 60.2 个百分点。德国 2019 年的专利公开量增长率环比降低了 157.1 个百分点。英国 2019 年的专利公开量增长率环比降低了 100 个百分点。EP2019 年的专利公开量增长率环比降低了 170 个百分点。

法国和瑞士 2019 年的专利公开量增长率相对于 2018 年无变化。

可以采用 2019 年的专利公开量增长率相对于 2018 年的专利公开量增长率的变化表征主要国家/地区在人工智能技术领域近两年的创新活跃度的变化。整体上来看，在全球范围内，2019 年的创新活跃度较 2018 年的创新活跃度低。聚焦至主要国家/地区，2019 年的创新活跃度较 2018 年的创新活跃度高的国家/地区包括美国和 WO。2019 年的创新活跃度较 2018 年的创新活跃度低以及无变化的国家/地区包括中国、日本、德国、英国、法国、瑞士和 EP。

6.3.1.2 申请人变化对比分析

如图 6-2 所示，2019 年居于排行榜上的供电企业和电力科研院的数量较 2018 年无变化。但是，具体的供电企业和电力科研院的排名有所变化。

同时居于 2019 年和 2018 年排行榜上的供电企业和电力科研院包括国家电网有限公司、中国电力科学研究院有限公司、广东电网有限责任公司、国网江苏省电力有限公司、国网上海市电力公司。2019 年新晋级至排行榜上的供电企业包括国网浙江省电力有限公司、国网信息通信产业集团有限公司和国网天津市电力公司。

2019 年居于排行榜上的高等院校的数量较 2018 年无变化，但是，具体的高等院校有

国家电网有限公司	1	国家电网有限公司
中国电力科学研究院有限公司	2	中国电力科学研究院有限公司
华北电力大学	3	广东电网有限责任公司
广东电网有限责任公司	4	华北电力大学
国网江苏省电力有限公司	5	国网江苏省电力有限公司
国网上海市电力公司	6	国网上海市电力公司
国网山东省电力公司电力科学研究院	7	国网浙江省电力有限公司
武汉大学	8	国网信息通信产业集团有限公司
贵州电网有限责任公司	9	国网天津市电力公司
国网福建省电力有限公司	10	东南大学

2018年度   2019年度

图 6-2　申请人排行榜对比图（2018 年度和 2019 年度）

所变化。同时居于 2019 年和 2018 年排行榜上的高等院校为华北电力大学，2019 年新晋级至排行榜上的高等院校为东南大学。

可以采用 2019 年的申请人相对于 2018 年的申请人的变化，从申请人的维度表征创新集中度的变化。整体上来看，2019 年相对于 2018 年，在人工智能技术领域的技术集中度整体上无变化，局部有调整。

6.3.1.3　细分技术分支变化对比分析

如图 6-3 所示，同时位于 2019 年排行榜和 2018 年排行榜上的技术点包括 G06Q10/04（人工智能应用在"预测或优化，例如线性规划、旅行商问题或下料问题"）、G06Q10/06（人工智能应用在"资源、工作流、人员或项目管理，例如组织、规划、调

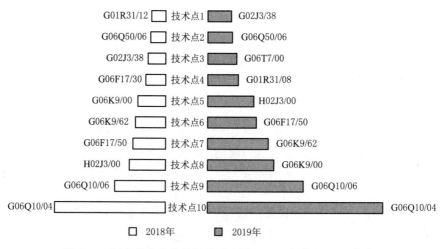

2018年		2019年
G01R31/12	技术点1	G02J3/38
G06Q50/06	技术点2	G06Q50/06
G02J3/38	技术点3	G06T7/00
G06F17/30	技术点4	G01R31/08
G06K9/00	技术点5	H02J3/00
G06K9/62	技术点6	G06F17/50
G06F17/50	技术点7	G06K9/62
H02J3/00	技术点8	G06K9/00
G06Q10/06	技术点9	G06Q10/06
G06Q10/04	技术点10	G06Q10/04

□ 2018年　　■ 2019年

图 6-3　细分技术分支排行榜对比图（2018 年度和 2019 年度）

度或分配时间、人员或机器资源；企业规划；组织模型"）、G06K9/00（人工智能应用在"用于阅读或识别印刷或书写字符或者用于识别图形"）、G06K9/62（人工智能应用在"应用电子设备进行识别的方法或装置"）、G06F17/50（人工智能应用在"计算机辅助设计"）、G06Q50/06（人工智能应用在"电力、天然气或水供应"）、G02J3/38（人工智能应用在"由两个或两个以上发电机、变换器或变压器对 1 个网络并联馈电的装置"）、H02J3/00（人工智能应用在"交流干线或交流配供电企业络的电路装置"）。

2019 年居于排行榜的新增技术点包括 G01R31/08（人工智能应用在"探测电缆、传输线或网络中的故障"）和 G06T7/00（人工智能应用在"图像分析"）。

可以采用 2019 年的优势细分技术分支相对于 2018 年的优势细分技术分支的变化，从细分技术分支的维度表征创新集中度的变化。从以上数据可以看出，2019 年相对于 2018 年的创新集中度整体上变化不大，局部有所调整。

6.3.2　全球专利分析

本章节重点从总体情况、全球地域布局、全球申请人、国外申请人和技术主题五个维度展开分析。

拟通过总体情况分析洞察人工智能技术领域在全球已申请专利的整体情况（已储备的专利情况）以及当前的专利申请活跃度，以揭示全球申请人在全球的创新集中度和创新活跃度。

通过全球地域布局分析洞察人工智能技术领域在全球的"布局红海"和"布局蓝海"，以从地域的维度揭示创新集中度。

通过全球申请人和国外申请人分析洞察人工智能技术的专利主要持有者，主要持有者持有的专利申请总量，以及在专利申请总量上占有优势的申请人的当前专利申请活跃情况，以从申请人的维度揭示创新集中度和创新活跃度。

通过技术主题分析洞察人工智能技术的技术布局热点和热点技术的专利申请活跃度，以从技术的维度揭示创新集中度和创新活跃度。

6.3.2.1　总体情况分析

以电力信通领域人工智能技术为检索边界，获取七国两组织（中国、美国、日本、德国、英国、法国、瑞士、EP 和 WO）的专利数据，如图 6-4 所示，总体情况分析涉及含有中国专利申请总量的七国两组织数据和不包含中国专利申请总量的国外专利数据。

如图 6-4 所示，近 20 年，人工智能技术领域的全球市场主体在七国两组织的专利申请总量为 10994 件，其中，不包含中国的专利申请总量为 900 件。采用专利申请总量表征全球申请人在人工智能技术领域的创新集中度。全球申请人在包括中国在内的七国两组织的创新集中度较高，全球申请人在不包括中国的其他国家/地区的创新集中度相对较低。

2009 年之后，其他国家（不包含中国）专利申请增速缓慢的前提下，全球专利申请增速显著上升，中国是提高全球专利申请速度的主要贡献国。2009 年之前，包含中国的专利申请趋势和不包含中国的专利申请趋势基本一致，在该阶段整体上略有增长，但是增速较低。

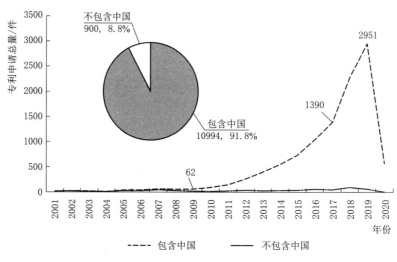

图 6-4　七国两组织专利申请趋势图

全球申请人在七国两组织的专利申请活跃度为 76.4% 左右，全球市场主体在除中国外的其他国家/地区的专利申请活跃度为 40% 左右。采用专利申请活跃度表征全球申请人在人工智能技术领域的创新活跃度。全球申请人在包括中国在内的七国两组织的创新活跃度较高，在不包括中国的其他国家/地区的创新活跃度相对较低。

6.3.2.2　地域布局分析

如图 6-5 所示，近 20 年，电力信通领域人工智能技术，在七国两组织范围内申请的 10994 件专利中，在中国的专利申请总量为 10094，占据在七国两组织专利申请总量的 91.8%。即 91.8% 的专利集中在中国，中国是专利申请的主要目标国。

图 6-5　七国两组织专利地域分布图

在日本的专利申请总量位居第二，与位居第一的中国的专利申请总量具有较大差距。

在美国的专利申请总量位居第三，与位居第二的日本的专利申请总量略有差距。

在德国、法国、英国和瑞士的专利申请总量显著减少，不足百件。

从以上的数据可以看出，当前，中国是人工智能技术的"布局红海"，美国和日本次之，法国、英国和瑞士是人工智能技术的"布局蓝海"。可以采用在各个国家/地区的专利申请总量,从地域的角度表征全球在人工智能技术领域的创新集中度。2009 年之后,在中国的专利申请增速显著的情况下,在中国的创新集中度较高,在日本和美国的创新集中度基本相当,但与在中国的创新集中度差距较大。

6.3.2.3 申请人分析

1. 全球申请人分析

如图 6-6 所示,从地域上看,居于排行榜上的申请人均为中国申请人。

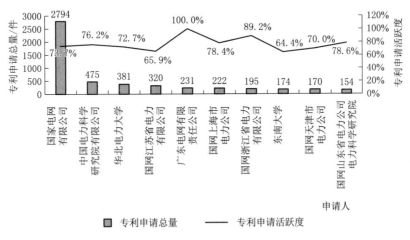

图 6-6 全球申请人申请量及活跃度分布图

从专利申请数量看,居于排行榜榜首的国家电网有限公司,以 2794 件的专利申请总量遥遥领先。中国电力科学研究院有限公司,以 475 件的专利申请总量居于排行榜的第二名。华北电力大学,以 381 件的专利申请总量居于排行榜的第三名。从专利申请活跃度看,居于排行榜上的申请人的专利申请活跃度的均值为 76.9%。专利申请活跃度高于均值的申请人包括广东电网有限责任公司(100.0%)、国网浙江省电力有限公司(89.2%)、国网山东省电力公司电力科学研究院(78.6%)、国网上海市电力公司(78.4%)。专利申请活跃度低于均值的申请人包括中国电力科学研究院有限公司(76.2%)、国家电网有限公司(73.7%)、华北电力大学(72.7%)、国网天津市电力公司(70.0%)、国网江苏省电力有限公司(65.9%)和东南大学(64.4%)。

可以采用居于排行榜上的申请人的专利申请总量,从申请人(创新主体)的维度揭示创新集中度,采用居于排行榜上的申请人的专利申请活跃度揭示申请人的当前创新活跃度。整体上看,在中国专利申请总量相对于其他国家/地区的专利申请总量表现突出的情况下,中国专利申请人的创新集中度和创新活跃度均较高。

2. 国外申请人分析

如图 6-7 所示,从地域上看,居于排行榜上的申请人中 4 个来自美国(英特尔公司、EDSA 微型公司、微软公司和通用电气公司),4 个来自日本(日立公司、发那科株式会社、松下电器和东芝公司),1 个来自德国(西门子公司),以及 1 个来自瑞士(ABB 技术公司)。

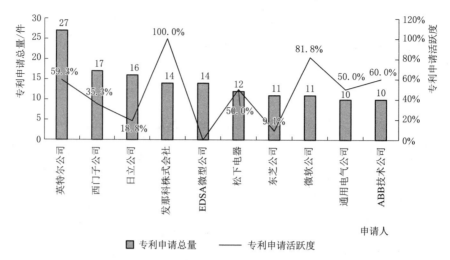

图 6-7 国外申请人全球专利申请量及活跃度分布图

从专利申请数量看，英特尔公司以 27 件的专利申请总量居于榜首。德国西门子专利申请总量（17 件）居于第二名。日立公司专利申请总量（16 件）居于第三名。位于日立公司之后的其他上榜申请人的专利申请总量基本分布在 10～14 件。

从专利申请活跃度看，瑞士申请人的专利申请活跃度的均值为 60%，美国申请人的专利申请活跃度的均值为 47.8%，日本申请人的专利申请活跃度的均值为 44.5%，德国申请人的专利申请活跃度的均值为 35.3%。

整体上来看，美国申请人的创新集中度最高、创新活跃度相对较高（仅低于瑞士申请人，高于日本申请人和德国申请人）。日本申请人的创新集中度（仅低于美国申请人）和创新活跃度（低于美国申请人和瑞士申请人）均较高。瑞士申请人的创新集中度相对较低（低于美国申请人、日本申请人和德国申请人），但是创新活跃度最高。德国申请人的创新集中度较低（仅高于瑞士申请人），创新活跃度均最低。

6.3.2.4 技术主题分析

采用国际分类号 IPC（聚焦至小组）表征人工智能技术的细分技术分支，首先，从专利申请总量排名前 10 的细分技术分支近 20 年的专利申请态势，洞察未来专利申请的趋势。其次，从各细分技术分支对应的专利申请总量和专利申请活跃度两个维度，对比不同细分技术分支之间的差异。

如图 6-8 以及表 6-6 所示，从时间轴（横向）看各细分技术分支的专利申请变化可知：

表 6-6 　　　　　　　　　　　　IPC 含义及专利申请量

IPC	含 义	专利申请量
G06Q10/04	预测或优化，例如线性规划、旅行商问题或下料问题	1704
G06Q10/06	资源、工作流、人员或项目管理，例如组织、规划、调度或分配时间、人员或机器资源；企业规划；组织模型	801

续表

IPC	含　义	专利申请量
G06K9/00	用于阅读或识别印刷或书写字符或者用于识别图形，例如，指纹的方法或装置	486
H02J3/00	交流干线或交流配电网络的电路装置	478
G06K9/62	应用电子设备进行识别的方法或装置	477
G06F17/50	计算机辅助设计	369
G06Q50/06	电力、天然气或水供应	352
G01R31/08	探测电缆、传输线或网络中的故障	254
H02J3/38	由两个或两个以上发电机、变换器或变压器对 1 个网络并联馈电的装置	232
G06T7/00	图像分析	213

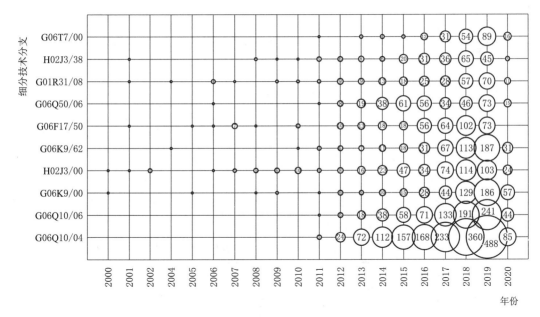

图 6-8　细分技术分支的专利申请趋势图

　　每一细分技术分支的专利申请量随着时间的推移均呈现出增长的态势。其中，专利申请总量位于榜首的 G06Q10/04（人工智能技术应用在"预测或优化，例如线性规划、旅行商问题或下料问题"）的专利申请起步于 2011 年，虽然，相对于其他细分技术分支的起步较晚，但是，自 2011 年开始至今呈现出持续增长的态势，而且专利申请的增长速度较快。

　　专利申请总量位于第二的 G06Q10/06（人工智能技术应用在"资源、工作流、人员或项目管理，例如组织、规划、调度或分配时间、人员或机器资源；企业规划；组织模型"）的专利申请也是起步于 2011 年，自 2011 年至今也呈现出持续增长的态势，但是，专利申请的增长速度较 G06Q10/04 略低。

专利申请量位于第三的G06K9/00（人工智能技术应用在"用于阅读或识别印刷或书写字符或者用于识别图形，例如，指纹的方法或装置"）的专利申请起步于2000年，较专利申请总量位于第一的G06Q10/04以及专利申请总量位于第二的G06Q10/06的起步较早。然而2000—2015年，每年仅有零星的专利申请，自2016年至今，专利申请才呈现出持续增长的态势，但是，专利申请的增长速度较低。

专利申请总量位于第四的H02J3/00（人工智能技术应用在"交流干线或交流配电网络的电路装置"）的专利申请起步于2000年，2000—2012年每年仅有零星的专利申请，自2013年至今呈现出平稳增长的态势。

专利申请总量排名第五的G06K9/62（人工智能技术应用在"应用电子设备进行识别的方法或装置"）的专利申请起步于2004年，2004—2014年，间断性的有零星的专利申请，自2015年至今呈现出平稳增长的态势。

对比不同IPC对应的年度专利申请量的变化，以洞察不同细分技术分支的发展差异，可知：

专利申请总量排名前二的G06Q10/04和G06Q10/06在增长周期内的增长速度较排名第三至第五的G06K9/00、H02J3/00、G06K9/62的增长速度高。预测，未来在G06Q10/04和G06Q10/06细分技术分支的专利申请会呈现出持续增长的趋势。

如图6-9所示，从专利申请总量看各细分技术分支的差异：

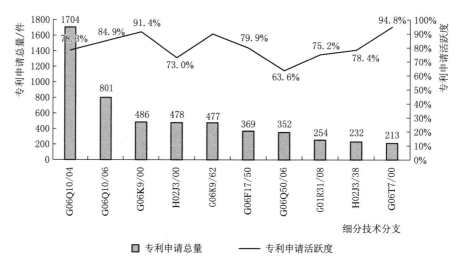

图6-9 细分技术分支的专利申请总量及活跃度分布图

居于排行榜上的细分技术分支的专利申请总量大体可以划分为三个梯队。分别是专利申请总量超过1000件的第一梯队、专利申请总量处于500～1000的第二梯队以及专利申请总量不足500的第三梯队。

处于第一梯队的细分技术分支的数量为1个，具体涉及G06Q10/04（人工智能技术应用在"预测或优化，例如线性规划、旅行商问题或下料问题"）。

处于第二梯队的细分技术分支的数量为1个，具体涉及G06Q10/06（人工智能技术应用在"资源、工作流、人员或项目管理，例如组织、规划、调度或分配时间、人员或机器资源；企业规划；组织模型"）。

处于第三梯队的细分技术分支的数量为 8 个，具体涉及 G06K9/00（人工智能技术应用在"用于阅读或识别印刷或书写字符或者用于识别图形，例如，指纹的方法或装置"）、H02J3/00（人工智能技术应用在"交流干线或交流配电网络的电路装置"）、G06K9/62（人工智能技术应用在"应用电子设备进行识别的方法或装置"）、G06F17/50（人工智能技术应用在"计算机辅助设计"）、G06Q50/06（人工智能技术应用在"电力、天然气或水供应"）、G01R31/08（人工智能技术应用在"探测电缆、传输线或网络中的故障"）、H02J3/38（人工智能技术应用在"由两个或两个以上发电机、变换器或变压器对 1 个网络并联馈电的装置"）和 G06T7/00（人工智能技术应用在"图像分析"）。

从专利申请活跃度看各细分技术分支的差异：

处于第一梯队、第二梯队、第三梯队的细分技术分支的专利申请活跃度均值分别是 73.8%、84.9% 和 80.8%。也就是说，专利申请总量处于第二梯队的细分技术分支的专利申请活跃度最高，专利申请总量处于第三梯队的细分技术分支的专利申请活跃度次之，专利申请总量处于第一梯队的细分技术分支的专利申请活跃度最低。

从以上数据可以看出，人工智能技术应用在"预测或优化，例如线性规划、旅行商问题或下料问题"中是当前的布局热点，即在上述细分技术分支的创新集中度较高，但相对于其他细分技术分支的当前创新活跃度较低。

6.3.3 中国专利分析

本节重点从总体情况、申请人、技术主题、专利质量和专利运用五个维度开展分析。

通过总体情况分析洞察人工智能技术在中国已申请专利的整体情况以及当前的专利申请活跃度，以重点揭示全球申请人在中国的创新集中度和创新活跃度。

通过申请人分析洞察人工智能技术的专利主要持有者、主要持有者的专利申请总量以及在专利申请总量上占有优势的申请人的当前专利申请活跃度情况，以从申请人的维度揭示创新集中度和创新活跃度。

通过技术主题分析洞察人工智能技术的技术布局热点和热点技术的专利申请活跃度，以从技术的维度揭示创新集中度和创新活跃度。

通过专利质量分析洞察创新价值度，并进一步通过高质量专利的优势申请人分析以洞察高质量专利的主要持有者，通过专利运营分析洞察创新开放度。

6.3.3.1 总体情况分析

以电力信通领域人工智能技术为检索边界，获取在中国申请的专利数据，如图 6-10 所示，总体情况分析涉及总体（包括发明和实用新型）申请趋势、发明专利的申请趋势和实用新型专利的申请趋势。

如图 6-10 所示，近 20 年，电力信通领域人工智能技术领域全球市场主体在中国的专利申请总量 10094 件。

从专利申请趋势看，总体上可以划分为三个阶段，分别是萌芽期（2001—2009年）、缓慢增长期（2009—2017 年）和快速增长期（2017 年至今）。自 2017 年之后，专利申请快速上升，在上述三个阶段，均以发明专利申请为主，实用新型的年度申请数

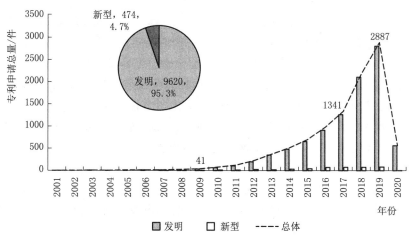

图 6-10　中国专利申请总体趋势图

量少且增长速度慢。需要说明，虽然自 2019 年至今呈现出趋于平稳后的下降态势，但是该现象是由专利申请后的公开滞后性导致，也就是说该态势为一种假性态势。

可以采用中国专利申请活跃度表征中国在人工智能技术领域的创新活跃度。从以上数据可以看出，当前中国在人工智能技术领域的创新活跃度较高。

6.3.3.2　申请人分析

1. 申请人综合分析

如图 6-11 所示，从专利申请总量看，国家电网有限公司居于榜首，专利申请总量为 2794 件；中国电力科学研究院有限公司居于第二名，专利申请总量为 475 件；华北电力大学位于第三名，专利申请总量为 381 件。

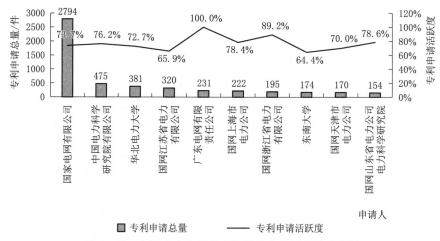

图 6-11　申请人在中国的申请量及申请活跃度分布图

从申请活跃度看，居于排行榜上的申请人的专利申请活跃度的均值为 76.9%。专利申请活跃度高于均值的申请人包括广东电网有限责任公司（100.0%）、国网浙江省电力有限公司（89.2%）、国网山东省电力公司电力科学研究院（78.6%）、国网上海市电力公司（78.4%）。专利申请活跃度低于均值的申请人包括中国电力科学研究院有限公司（76.2%）、国家电网有限公司（73.7%）、华北电力大学（72.7%）、国网天津市电力公司（70.0%）、国网江苏省电力有限公司（65.9%）和东南大学（64.4%）。

在申请人属性方面，8个申请人属于供电企业和电力科研院，2个申请人为高等院校。

可以采用居于排行榜上的申请人的专利申请总量，从申请人（创新主体）的维度揭示创新集中度，采用居于排行榜上的申请人近五年的专利申请活跃度揭示申请人的当前创新活跃度。整体上看，人工智能技术在供电企业和电力科研院集中度相对于其他属性的申请人的集中度高。供电企业和电力科研院整体的创新活跃度也相对较高。

2. 国外申请人分析

整体上看，在中国进行专利申请（布局）的国外申请人的数量较少，而且，在中国已进行专利申请的国外申请人的专利申请数量较少。

如图6-12所示，从国外申请人所属国别看，5个国外申请人来自于美国（通用电气公司、英特尔公司、高通股份有限公司、谷歌公司和国际商业机器公司），2个国外申请人来自于日本（松下电器和发那科株式会社），1个国外申请人来自于德国（西门子），1个国外申请人来自于法国（施耐德电器工业公司），1个国外申请人来自于瑞士（ABB技术公司）。

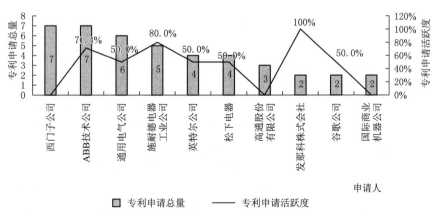

图6-12　国外申请人在中国的申请量及申请活跃度分布图

从申请数量看，西门子公司和ABB技术公司以7件的专利申请总量居于榜首。通用电气公司以6件的专利申请总量居于第二名，施耐德电器工业公司以5件的专利申请总量居于第三名。

从申请活跃度看，居于排行榜上的国外申请人的专利申请活跃度的均值为45.1%。专利申请活跃度高于均值的申请人包括发那科株式会社（100%）、施耐德电器工业公司（80.0%）、ABB技术公司（71.4%）、通用电气公司（50.0%）、英特尔公司（50.0%）、松下电器（50.0%）和谷歌公司（50.0%）。专利申请活跃度低于均值的申请人包括西门子公司（0%）、高通股份有限公司（0%）和国际商业机器公司（0%）。

可以采用居于排行榜上的国外申请人的专利申请总量，从申请人（创新主体）的维度揭示创新集中度，采用居于排行榜上的国外申请人的专利申请活跃度揭示申请人的当前创新活跃度。整体上看，国外申请人在中国的创新集中度以及创新活跃度相对于中国本土申请人在中国的专利集中度和创新活跃度均较低。

3. 供电企业分析

如图 6-13 所示，从专利申请总量看，国家电网有限公司以 2794 件的专利申请总量居于榜首。国网江苏省电力公司以 320 件的专利申请总量居于第二名。广东电网有限责任公司以 231 件的专利申请总量居于第三名。可见，国家电网有限公司的专利申请总量遥遥领先于其他供电企业，其他供电企业的专利申请总量虽有差距，但是差距较小。

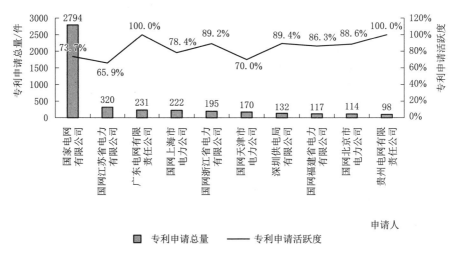

图 6-13　供电企业申请量及申请活跃度分布图

从专利申请活跃度看，居于排行榜上的供电企业的专利申请活跃度的均值为 84.2%。专利申请活跃度高于均值的申请人包括广东电网有限责任公司（100.0%）、贵州电网有限责任公司（100.0%）、深圳供电局有限公司（89.4%）、国网浙江省电力有限公司（89.2%）、国网北京市电力公司（88.6%）和国网福建省电力有限公司（86.3%）。专利申请活跃度低于均值的申请人包括国网上海市电力公司（78.4%）、国家电网有限公司（73.7%）、国网天津市电力公司（70.0%）和国网江苏省电力有限公司（65.9%）。

可以采用居于排行榜上的供电企业的专利申请总量，从申请人（创新主体）的维度揭示创新集中度，采用居于排行榜上的供电企业的专利申请活跃度揭示供电企业的当前创新活跃度。整体上看，供电企业在中国的创新集中度相对较高，供电企业整体的创新活跃度也较高。

4. 非供电企业分析

如图 6-14 所示，整体上来看，非供电企业持有的专利申请总量较供电企业持有的专利申请总量少。居于排行榜上的非供电企业，除居于榜首的南瑞集团有限公司外，其他非供电企业持有的专利申请总量均不足百件。

从专利申请总量看，南瑞集团有限公司以 121 件的专利申请总量居于榜首。江苏方天电力技术有限公司以 48 件的专利申请总量居于第二名。浙江华云信息科技有限公司以 39

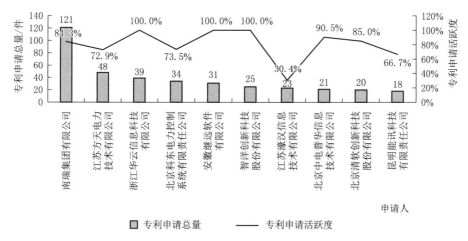

图 6-14 非供电企业申请量及申请活跃度分布图

件的专利申请总量居于第三名。

从专利申请活跃度看，居于排行榜上的非供电企业的专利申请活跃度的均值为80.3%，较居于排行榜上的供电企业的专利申请活跃度（84.2%）低了3.9个百分点。其中，专利申请活跃度高于均值的申请人包括浙江华云信息科技有限公司（100%）、安徽继远软件有限公司（100%）、智洋创新科技股份有限公司（100%）、北京中电普华信息技术有限公司（90.5%）、北京清软创新科技股份有限公司（85.0%）和南瑞集团有限公司（84.3%）。专利申请活跃度低于均值的申请人包括北京科东电力控制系统有限责任公司（73.5%）、江苏方天电力技术有限公司（72.9%）、昆明能讯科技有限责任公司（66.7%）和江苏濠汉信息技术有限公司（30.4%）。

可以采用居于排行榜上的非供电企业的专利申请总量，从申请人（创新主体）的维度揭示创新集中度，采用居于排行榜上的非供电企业的专利申请活跃度揭示非供电企业的当前创新活跃度。整体上看，非供电企业在中国的创新集中度相对于供电企业在中国的创新集中度低，虽然非供电企业的创新活跃度相对较高，但较供电企业的创新活跃度略低。

5. 电力科研院分析

如图6-15所示，整体上来看，居于排行榜上的电力科研院持有的专利申请量的均值为138件。电力科研院持有的专利申请总量较供电企业持有的专利申请总量少，较非供电企业持有的专利申请总量多。

从专利申请总量看，中国电力科学研究院有限公司以475件的专利申请总量居于榜首。国网山东省电力公司电力科学研究院以154件的专利申请总量居于第二名，与居于榜首的中国电力科学研究院有限公司差距较大。国网江苏省电力公司电力科学研究院以141件的专利申请总量居于第三名。

从申请活跃度看，居于排行榜上的电力科研院的专利申请活跃度的均值为86.0%，较居于排行榜上的供电企业的专利申请活跃度（84.2%）高了1.8个百分点，较居于排行榜上的非供电企业的专利申请活跃度（80.3%）高了5.7个百分点。

专利申请活跃度高于均值（86.0%）的申请人包括江苏省电力试验研究院有限公司

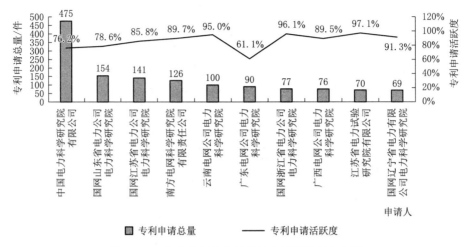

图 6-15　电力科研院申请量及申请活跃度分布图

（97.1％）、国网浙江省电力公司电力科学研究院（96.1％）、云南电网公司电力科学研究院（95.0％）、国网辽宁省电力有限公司电力科学研究院（91.3％）、南方电网科学研究院有限责任公司（89.7％）和广西电网公司电力科学研究院（89.5％）。专利申请活跃度低于均值（73％）的申请人包括国网江苏省电力公司电力科学研究院（85.8％）、国网山东省电力公司电力科学研究院（78.6％）、中国电力科学研究院有限公司（76.2％）和广东电网公司电力科学研究院（61.1％）。

从以上的数据可以看出，电力科研院的创新集中度较供电企业低，较非供电企业高。电力科研院的创新活跃度较供电企业和非供电企业高。

6. 高等院校分析

如图 6-16 所示，整体上来看，居于排行榜上的高等院校持有的专利申请均值为148 件左右。高等院校持有的专利申请总量较供电企业持有的专利申请总量少，与电力科研院持有的专利申请总量基本持平，较非供电企业申请人持有的专利申请总量多。

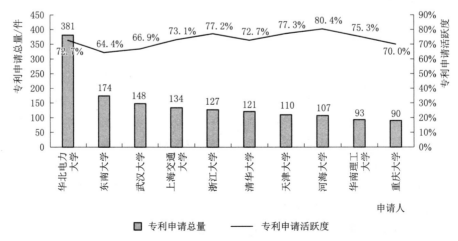

图 6-16　高等院校申请量及申请活跃度分布图

华北电力大学以 381 件的专利申请总量居于榜首。东南大学以 174 件的专利申请总量居于第二名。武汉大学以 148 件的专利申请总量居于第三名。

从专利申请活跃度看，居于排行榜上的高等院校的专利申请活跃度的均值为 73.0%，较居于排行榜上的供电企业的专利申请活跃度（84.2%）低了 11.2 个百分点，较居于排行榜上的非供电企业的专利申请活跃度（80.3%）低了 7.3 个百分点，较居于排行榜上的电力科研院的专利申请活跃度（86%）低了 13 个百分点。专利申请活跃度高于均值的申请人包括河海大学（80.4%）、天津大学（77.3%）、浙江大学（77.2%）和华南理工大学（75.3%）和上海交通大学（73.1%）。专利申请活跃度低于均值的申请人包括华北电力大学（72.7%）、清华大学（72.7%）、重庆大学（70.0%）、武汉大学（66.9%）和东南大学（64.4%）。

可以采用居于排行榜上的高等院校的专利申请总量，从申请人（创新主体）的维度揭示创新集中度，采用居于排行榜上的高等院校的专利申请活跃度揭示申请人的当前创新活跃度。整体上看，高等院校在中国的创新集中度相对于供电企业在中国的创新集中度较低，高等院校在中国的创新集中度相对于非供电企业的创新集中度高。高等院校的创新集中度与电力科研院在中国的创新集中度基本持平。高等院校的创新活跃度较供电企业低、非供电企业和电力科研院均低。

6.3.3.3 技术主题分析

1. 技术分支分析

采用国际分类号 IPC（聚焦至小组）表征人工智能技术的细分技术分支。首先，从专利申请总量排名前 10 的细分技术分支近 20 年的专利申请态势，洞察未来专利申请的趋势；其次，从各细分技术分支对应的专利申请总量和专利申请活跃度两个维度，对比不同细分技术分支之间的差异。

如图 6-17 及表 6-7 所示，从时间轴（横向）看各细分技术分支的专利申请变化可知：

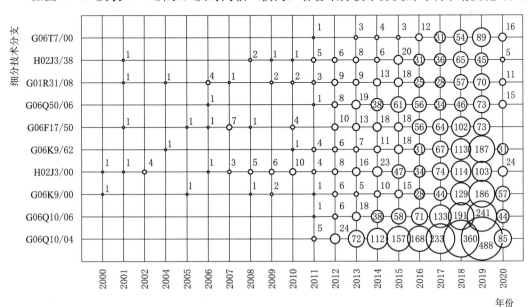

图 6-17　细分技术分支的专利申请趋势图

表 6-7   IPC 含义及专利申请总量

IPC	含　义	专利申请总量
G06Q10/04	预测或优化，例如线性规划、旅行商问题或下料问题	1704
G06Q10/06	资源、工作流、人员或项目管理，例如组织、规划、调度或分配时间、人员或机器资源；企业规划；组织模型	801
G06K9/00	用于阅读或识别印刷或书写字符或者用于识别图形，例如，指纹的方法或装置	486
H02J3/00	交流干线或交流配电网络的电路装置	478
G06K9/62	应用电子设备进行识别的方法或装置	477
G06F17/50	计算机辅助设计	369
G06Q50/06	电力、天然气或水供应	352
G01R31/08	探测电缆、传输线或网络中的故障	254
H02J3/38	由两个或两个以上发电机、变换器或变压器对 1 个网络并联馈电的装置	232
G06T7/00	图像分析	213

每一细分技术分支的专利申请量随着时间的推移均呈现出增长的态势。其中，专利申请总量位于榜首的 G06Q10/04（人工智能技术应用在"预测或优化，例如线性规划、旅行商问题或下料问题"）的专利申请起步于 2011 年，虽然，相对于其他细分技术分支的起步较晚，但自 2011 年开始至今呈现出持续增长的态势，而且专利申请的增长速度较快。

专利申请总量位于第二的 G06Q10/06（人工智能技术应用在"资源、工作流、人员或项目管理，例如组织、规划、调度或分配时间、人员或机器资源；企业规划；组织模型"）的专利申请也是起步于 2011 年，自 2011 年至今也呈现出持续增长的态势，但是，专利申请的增长速度较 G06Q10/04 略低。

专利申请量位于第三的 G06K9/00（人工智能技术应用在"用于阅读或识别印刷或书写字符或者用于识别图形，例如，指纹的方法或装置"）的专利申请起步于 2000 年，较专利申请总量位于第一的 G06Q10/04 以及专利申请总量位于第二的 G06Q10/06 的起步较早。然而 2000—2015 年，每年仅有零星的专利申请，2016 年至今，专利申请才呈现出持续增长的态势，但是，专利申请的增长速度较低。

专利申请总量位于第四的 H02J3/00（人工智能技术应用在"交流干线或交流配电网络的电路装置"）的专利申请起步于 2000 年，2000—2012 年每年仅有零星的专利申请，自 2013 年至今呈现出平稳增长的态势。

专利申请总量排名第五的 G06K9/62（人工智能技术应用在"应用电子设备进行识别的方法或装置"）的专利申请起步于 2004 年，2004—2014 年，间断性的有零星的专利申请，自 2015 年至今呈现出平稳增长的态势。

对比不同 IPC 对应的年度专利申请量的变化，以洞察不同细分技术分支的发展差异，可知：

专利申请总量排名前二的 G06Q10/04 和 G06Q10/06 在增长周期内的增长速度较排名第三至第五的 G06K9/00、H02J3/00、G06K9/62 的增长速度高。预测，未来在 G06Q10/

04 和 G06Q10/06 细分技术分支的专利申请会呈现出持续增长的趋势。

如图 6-18 所示，从专利申请总量看各细分技术分支的差异：

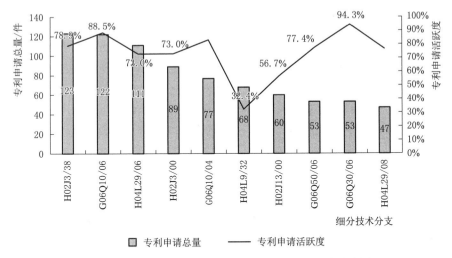

图 6-18 细分技术分支的专利申请总量及活跃度分布图

居于排行榜上的细分技术分支的专利申请总量大体可以划分为三个梯队。分别是专利申请总量超过 1000 件的第一梯队，专利申请总量处于 500~1000 之间的第二梯队，以及专利申请总量不足 500 的第三梯队。

处于第一梯队的细分技术分支的数量为 1 个，具体涉及 G06Q10/04（人工智能技术应用在"预测或优化，例如线性规划、旅行商问题或下料问题"）。

处于第二梯队的细分技术分支的数量为 1 个，具体涉及 G06Q10/06（人工智能技术应用在"资源、工作流、人员或项目管理，例如组织、规划、调度或分配时间、人员或机器资源；企业规划；组织模型"）。

处于第三梯队的细分技术分支的数量为 8 个，具体涉及 G06K9/00（人工智能技术应用在"用于阅读或识别印刷或书写字符或者用于识别图形，例如，指纹的方法或装置"）、H02J3/00（人工智能技术应用在"交流干线或交流配电网络的电路装置"）、G06K9/62（人工智能技术应用在"应用电子设备进行识别的方法或装置"）、G06F17/50（人工智能技术应用在"计算机辅助设计"）、G06Q50/06（人工智能技术应用在"电力、天然气或水供应"）、G01R31/08（人工智能技术应用在"探测电缆、传输线或网络中的故障"）、H02J3/38（人工智能技术应用在"由两个或两个以上发电机、变换器或变压器对 1 个网络并联馈电的装置"）和 G06T7/00（人工智能技术应用在"图像分析"）。

从专利申请活跃度看各细分技术分支的差异：

处于第一梯队、第二梯队、第三梯队的细分技术分支的专利申请活跃度均值分别是 73.8%、84.9% 和 80.8%。专利申请总量处于第二梯队的细分技术分支的专利申请活跃度最高，专利申请总量处于第三梯队的细分技术分支的专利申请活跃度次之，专利申请总量处于第一梯队的细分技术分支的专利申请活跃度最低。

从以上数据可以看出，人工智能技术应用在"预测或优化，例如线性规划、旅行商问题或下料问题"中是当前的布局热点，即在上述细分技术分支的创新集中度较高，相对于其他细分技术分支的当前创新活跃度较低。

2. 技术关键词云分析

如图 6-19 所示，对人工智能技术近 5 年（2015—2020 年）的高频关键词进行分析，可以发现神经网络、历史数据、预处理、遗传算法等是核心的关键词，呈现多元性分布。在电力行业涉及人工智能技术的主要应用对象为变压器、配电网、风电场、光伏发电、输电线路等电力设备。所涉及的算法包括遗传算法、支持向量机、神经网络、机器学习等。传感器涉及的主要性能指标包括准确率、可靠性、速度、实用性、稳定性等。基于历史数据进行预处理获得训练样本，采用人工智能技术针对故障诊断、图像识别是主要的应用方式。

如图 6-20 所示，进一步对出现频率较低的长词术语进行分析，可以发现最重要的关键词是支持向量机及分布式电源，同时也出现了多种其他人工智能算法及多种传感器，表明通过多种传感器的历史数据或实时数据与人工智能技术结合是电力领域人工智能技术的主要应用方式。智能机器人和视觉传感器是移动机器人感知周围环境的重要工具，加速度传感器分布式能源是两个最主要的应用对象。支持向量机作为一种兼具效率和准确性的算法，而被使用频率较高。

图 6-19　人工智能技术近 5 年
（2015—2020 年）高频关键词词云图

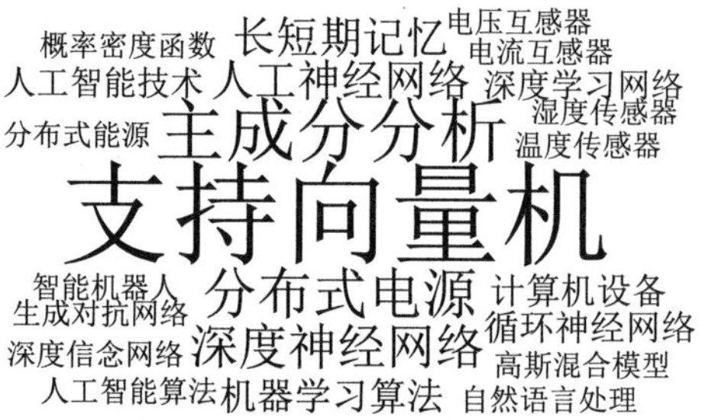

图 6-20　人工智能技术近 5 年
（2015—2020 年）低频长词术语词云图

6.3.3.4　专利质量分析

高质量专利是企业重要的战略性无形资产，是企业创新成果价值的重要载体，通常围绕某一特定技术形成彼此联系、相互配套的技术经过申请获得授权的专利集合。高质量专利应当在空间布局、技术布局、时间布局或地域布局等多个维度有所体现。

采用用于评价专利质量的综合指标体系评价专利质量，该综合指标体系从技术价值、法律价值、市场价值、战略价值和经济价值五个维度对专利进行综合评价，获得每一专利的综合评价分值，以星级表示专利的质量高低，其中，5 星级代表质量最高，1 星级代表质量最低。将 4 星级及以上定义为高质量的专利，将 1 星至 2.5 星的专利定义为低质量专利。

通过专利质量分析，企业可以在了解整个行业技术环境、竞争对手信息、专利热点、专利价值分布等信息的基础上，一方面识别竞争对手的重要专利布局，发现战略机遇，识别专利风险，另一方面也可以结合自身的经营战略和诉求，更高效地进行专利规划和布局，积累高质量的专利组合资产，提升企业的核心竞争力。

如图 6-21 所示，人工智能技术专利质量表现一般。高质量专利（4 星及以上的专利）占比为 8.3%，而且上述 8.3% 的高质量专利中，5 星级专利仅占 0.4%。如果将 1 星至 2.5 星的专利定义为低质量专利，81.0% 的专利为低质量专利。

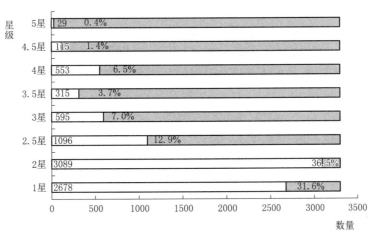

图 6-21　人工智能授权专利质量分布图

可以采用专利质量表征中国在人工智能技术领域的创新价值度，从以上数据可以看出，当前中国在人工智能技术领域的创新价值度不高。

如图 6-22 所示，进一步地，对上述 8.2% 的高质量专利的申请人进行分析，结果如下：

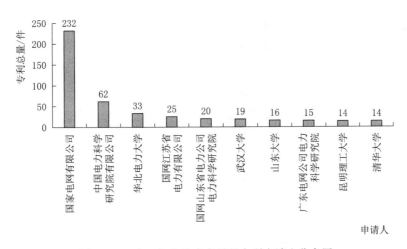

图 6-22　人工智能技术高质量专利申请人分布图

国家电网有限公司持有的高质量专利数量较多，其拥有的高质量专利数量遥遥领先于同领域的其他创新主体，达到 232 件。

从创新主体的类型看，高质量专利主要分布在供电企业、电力科研院和高等院校，典型的供电企业和电力科研院包括国家电网有限公司、中国电力科学研究院有限公司和国网江苏省电力公司。除了供电企业，还包括如华北电力大学、武汉大学、山东大学和清华大学，无非供电企业上榜。

中国在人工智能技术领域的创新价值度不高的大环境下，供电企业、电力科研院和高等院校的创新价值度较高。

6.3.3.5 专利运营分析

专利运营分析的目的是洞察该领域的申请人对专利显性价值（显性价值即为市场主体利用专利实际获得的现金流）的实现路径，以及不同的显性价值实现路径下，优势申请人和不同类型的申请人选择的路径的区别等。通过上述分析，为电力通信领域申请人在专利运营方面提供借鉴。

通过初步分析发现，专利转让是申请人最为热衷的专利价值实现路径，申请人对专利许可和专利质押路径的热衷度基本一致。

通过初步分析还发现，居于专利转让排行榜上的申请人主要为供电企业和电力科研院。居于专利质押排行榜上的申请人主要为非供电企业。居于专利许可排行榜上的申请人主要为非电网企业、高等院校和个人。

1. 专利转让分析

如图 6-23 所示，供电企业是实施专利转让路径的主要市场主体。按照专利转让数量由高至低对供电企业进行排名，发现排名前 10 的市场主体中主要为供电企业、电力科研院和高等院校。

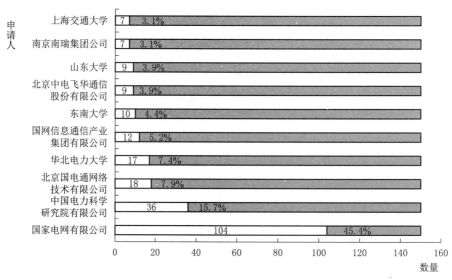

图 6-23 专利转让市场主体排行

供电企业中，国家电网有限公司的专利转让数量达 104 件，居于榜首。位于国家电网有限公司之后的其他供电企业和电力科研院的专利转让的数量与国家电网有限公司的专利转让数量相比，差距较大。位于国家电网有限公司之后的其他供电企业和电力科研院的专利转让数量由高至低，可以分为两个梯队。位于第一梯队（大于 30 件）的申请人包括1个，具体是中国电力科学研究院有限公司。位于第二梯队（不足30件）的申请人包括8个，分别是北京国电通网络技术有限公司、华北电力大学、国网信息通信产业集团有限公司、东南大学、北京中电飞华通信股份有限公司、山东大学、南瑞集团有限公司和上海交通大学。

可以采用专利转让表征中国在人工智能技术领域的创新开放度，从以上数据可以看出，目前中国在人工智能技术领域的创新开放度较低。

2. 专利质押分析

见表6-8，专利质押的数量相对于专利转让的数量较少，截止到2020年9月，专利质押的数量仅为10件。出质人主要集中在非供电企业。从出质时间看，主要集中在近三年。

表6-8　　　　　　　　　　专利质押情况列表

出　质　人	出质专利数量	出质时间
北京国能日新系统控制技术有限公司	3	2019年
南京能迪电气技术有限公司	1	2017年
广州科易光电技术有限公司	1	2018年
广州市恩莱吉能源科技有限公司	1	2019年
济南大陆机电股份有限公司	1	2019年
南京开悦科技有限公司	1	2015年
深圳蓝波绿建集团股份有限公司	1	2015年
武汉奋进电力技术有限公司	1（7次）	2014~2020年

3. 专利许可分析

见表6-9，专利许可的数量相对于专利转让的数量较少，与专利质押的专利数量基本相当，截止到现在，专利许可的数量仅为11件。许可人主要集中在高等院校。从许可时间看，相对比较分散，分布在2010—2019年。

表6-9　　　　　　　　　　专利许可情况列表

许　可　人	数量	被　许　可　人	许可生效时间
上海交通大学	2	深圳交大华源新兴技术产业研究院有限公司	2019年
		上海蓝昊电气有限公司	2011年
长沙理工大学	1	中铁二十五局集团电务工程有限公司	2010年
湖南大学	1	湖南科力电气有限公司	2009年
江苏大学	1	江苏万帮德和新能源科技有限公司	2016年
卢普	1	北京卢普之音文化传播有限公司	2019年
山东电力研究院	1	国网智能科技股份有限公司	2019年
国网山东省电力公司电力科学研究院	1	国网智能科技股份有限公司	2019年

许 可 人	数量	被 许 可 人	许可生效时间
南京邮电大学	1	江苏南邮物联网科技园有限公司	2016 年
上海电力学院	1	中电投电力工程有限公司	2013 年
西安交通大学	1	广东威恒输变电工程有限公司	2010 年
周春利	1	大庆国电海天科技有限公司	2012 年

6.3.4 主要结论

6.3.4.1 基于近两年对比分析的结论

在全球范围内看整体变化，2019 年的专利公开量增长率相对于 2018 年的专利公开量增长率降低了 28 个百分点。

近两年，各个国家/地区的专利公开量的增长率变化表现不同。2019 年相对于 2018 年的专利公开量增长率升高的国家/地区包括美国和 WO。2019 年相对于 2018 年的专利公开量增长率无变化或降低的国家/地区包括中国、日本、德国、英国、法国、瑞士和 EP。整体上来看，在全球范围内，2019 年的创新活跃度较 2018 年的创新活跃度低。

2019 年居于排行榜上的供电企业的数量较 2018 年无变化。但是，具体的供电企业和排名有所变化。同时居于 2019 年和 2018 年排行榜上的高等院校为华北电力大学，2019 年新晋级至排行榜上的高等院校为东南大学。

2019 年居于排行榜的新增技术点包括 G01R31/08（人工智能应用在"探测电缆、传输线或网络中的故障"）和 G06T7/00（人工智能应用在"图像分析"）。2019 年相对于 2018 年的创新集中度整体上变化不大，局部有所调整。

6.3.4.2 基于全球专利分析的结论

在七国两组织范围内，电力信通领域人工智能技术已经累计申请了 10994 件专利。

从近 20 年的申请趋势看，经历了萌芽期、缓慢增长期，当前处在快速增长期。但是，当前除中国外的其他国家/地区的专利申请的增长速度放缓，而中国的专利申请的增长速度较高，是提高七国两组织的专利申请总量的主要贡献国。目前，全球市场主体在人工智能技术领域的创新活跃度较高。

从地域布局看，在中国的专利申请总量占据在七国两组织专利申请总量的 91.8%。在日本和美国的专利申请总量次之，2009 年之后，在中国的专利申请增速显著的情况下，在中国的创新集中度较高，在日本和美国的创新集中度基本相当，与在中国的创新集中度差距较大。

由于在中国的专利申请总量占据在七国两组织的专利申请总量的 91.8%，因此，居于排行榜上的申请人均为中国申请人，而且专利申请活跃度较高。

在排除中国申请人的情况下，看国外申请人的专利申请总量和专利申请活跃度发现，美国申请人的创新集中度最高、创新活跃度相对较高。日本申请人的创新集中度和创新活跃度均较高。瑞士申请人的创新集中度相对较低，但是创新活跃度最高。德国申请人的创新集中度较低，创新活跃度均最低。

从时间轴看居于排行榜上的细分技术分支的专利申请变化，居于排行榜上的细分技术分支的专利申请量随着时间的推移均呈现出增长的态势，专利申请总量排名第一的细分技术分支（人工智能技术应用在"预测或优化，例如线性规划、旅行商问题或下料问题"）和排名第二的细分技术分支（人工智能技术应用在"资源、工作流、人员或项目管理，例如组织、规划、调度或分配时间、人员或机器资源；企业规划；组织模型"）在增长周期内的增长速度均较高。

人工智能技术应用在"预测或优化，例如线性规划、旅行商问题或下料问题"中，是当前专利申请的热点，但近几年的专利申请活跃度相对较低。

6.3.4.3 基于中国专利分析的结论

在中国范围内，电力信通领域人工智能技术已经累计申请了 10094 件专利。从近 20 年的申请趋势看，经历了萌芽期、缓慢增长期，当前处在快速增长期。也就是说，当前中国在人工智能技术领域的创新活跃度表现突出。

居于排行榜上的申请人有 8 成属于供电企业和电力科研院。其中，国家供电企业公司以 2794 件的专利申请总量居于榜首，但是近五年的专利申请活跃度相对较低。广东供电企业有限责任公司的专利申请总量虽然排在第 5 位，但是近五年的专利申请活跃度最高，为 100%。人工智能技术在供电企业和电力科研院的集中度相对于其他申请人的集中度高。而且，供电企业和电力科研院整体的创新活跃度也相对较高。

从国外申请人看，5 个国外申请人来自于美国，2 个国外申请人来自于日本，1 个国外申请人来自于德国，1 个国外申请人来自于法国，1 个国外申请人来自于瑞士（ABB 技术公司）。虽然，已有包括美国、瑞士、日本和德国等申请人在中国已申请了专利，但是，在中国的专利申请数量相对较少，均不足 10 件。居于排行榜上的国外申请人的专利申请活跃度的均值为 45.1%。国外申请人在中国的创新集中度和创新活跃度相对于中国本土申请人在中国的创新集中度和创新活跃度均低。

在供电企业方面，从专利申请总量看，国家电网有限公司以 2794 件的专利申请总量居于榜首。国网江苏省电力有限公司以 320 件的专利申请总量居于第二名。广东电网有限责任公司以 231 件的专利申请总量居于第三名。可见，国家电网有限公司的专利申请总量遥遥领先于其他供电企业。而且其他供电企业的专利申请总量虽有差距，但是差距较小。居于排行榜上的供电企业的专利申请活跃度的均值为 84.2%。供电企业在中国的创新集中度较高，创新活跃度也较高。

在非供电企业方面，非供电企业持有的专利申请总量与供电企业持有的专利申请总量相比较少。

居于排行榜上的非供电企业，除居于榜首的南瑞集团有限公司外，其他非供电企业持有的专利申请总量均不足百件。居于排行榜上的非供电企业的专利申请活跃度的均值为 80.3%，较居于排行榜上的供电企业的专利申请活跃度（84.2%）低 3.9 个百分点。

在电力科研院方面，电力科研院持有的专利申请总量较供电企业持有的专利申请总量少。居于排行榜上的电力科研院申请人的专利申请活跃度的均值为 86%，较居于排行榜上的供电企业（84.2%）和非供电企业（80.3%）的专利申请活跃度高。

在高等院校方面，整体上看，高等院校持有的专利申请总量较供电企业持有的专利申请总量少，与电力科研院持有的专利申请总量基本持平。居于排行榜上的高等院校的专利申请活跃度的均值为 73.0％。居于排行榜上的高等院校在中国的专利申请活跃度略低于居于排行榜上的供电企业、非供电企业和电力科研院。

在中国范围内，从时间轴看居于排行榜上的细分技术分支的专利申请变化，居于排行榜上的细分技术分支的专利申请量随着时间的推移均呈现出增长的态势，专利申请总量排名第一的细分技术分支（人工智能技术应用在"预测或优化，例如线性规划、旅行商问题或下料问题"）和排名第二的细分技术分支（人工智能技术应用在"资源、工作流、人员或项目管理，例如组织、规划、调度或分配时间、人员或机器资源；企业规划；组织模型"）在增长周期内的增长速度均较高。

人工智能技术应用在"预测或优化，例如线性规划、旅行商问题或下料问题"中，是当前专利申请的热点。

从专利质量看，高质量专利占比仅为 8.2％。持有高质量专利的申请人主要是供电企业、电力科研院和高等院校，而且基本与专利拥有量呈正比。当前中国在人工智能技术领域的创新价值度不高。

从专利运营来看，专利转让是申请人最为热衷的专利价值实现路径，申请人对专利许可和专利质押路径的热衷度不高。供电企业、电力科研院和高等院校是实施专利转让路径的主要市场主体。中国在人工智能技术领域的创新开放度整体较低的大环境下，供电企业、电力科研院和高等院校的创新开放度相对较高。

专利质押的数量相对于专利转让的数量较少，专利许可的数量与专利质押的专利数量基本相当，许可人主要集中在高等院校。

第7章
新技术产品及应用解决方案

7.1 人工智能技术创新产品

7.1.1 流程自动化实施推广应用——小喔软件机器人

7.1.1.1 产品介绍

根据各电力公司实际情况分析，目前供电所层面的主要负担体现为基层管理者对标分析任务重、跨专业综合管控平台存在壁垒、数据重复录入、工作记录和资料管理繁杂、数据统计分析和挖掘能力不足等问题。随着"大云物移智链"等新一代信息技术被广泛应用于电网公司的电网运营、新兴业务和经营管理等方面，加快信息系统末端融合、促进数据共享成为推进泛在电力物联网建设的重要内容。小喔软件机器人采用国际领先的RPA（ROBTIC PROCESS AUTOMATION）机器人流程自动化，是一款企业级模拟人类和桌面应用程序进行互动的自动化软件。小喔软件机器人适用于具有可描述明确规则的高重复性的工作，将员工从繁杂的统计工作、资料维护工作中"解放"出来，释放更多的劳动力投入到高价值的工作中，不受专业领域限制，能够快速推动公司业务的数字化变革，为客户持续的创造价值。

7.1.1.2 功能特点

小喔软件机器人产品套件由应用调度服务中心和自动化作业站两大模块组成，具有前瞻性、协同性、实用性、可靠性的特点。同时，机器人流程自动化是一款新兴的软件产品，使用自动化软件技术来模拟流程的步骤，在不会影响现有的 IT 基础设施前提下，包括数据输入、采购订单发放、在线访问凭据的创建和访问多个系统等多项后台任务，都可以在同一界面完成。

7.1.1.3 应用成效

2019 年 6 月，小喔软件机器人在某省电力公司正式启动试点应用，试点应用"营销批量表计更换""PMS 台账录入"场景。11 月 11 日召开基层减负阶段工作成果调研会议，场景应用成效显著，原本需要一个半小时的工作量仅用 5min 就可以完成。试点成功后，小喔软件机器人在省内各个地市应用推广，多个地市都已有开发完成的场景应用。

"营销批量表计更换"应用场景，计量班组员工现场换装后，需将信息全部整理完才能在系统内启动换装流程，进行系统信息更新，更新过程包括在系统中登记旧电能表信息、核算旧表剩余电费并录入、然后登记新电能表信息等步骤。对于此项工作，班组年轮换表 18 万只，平均每天处理 500 只，每只需完成 11 个业务环节、30 个操作步骤，同时还需对新旧表计峰谷电量进行人工核对。工作步骤较多，且不能实现批量操作，导致员工重复性工作。实施前，每天需 3～4 人共 22h 工作量，采用小喔软件机器人后，人工数据整理只需一小时，半小时导入工具，班组工作量是之前的 7%。

此外，在"台账批量录入"应用场景，采用小喔软件机器人后，人工只需 60min 重复数据整理，10min 导入工具，之后全由机器录入，班组工作量是之前的 10%。该场景下原运检班组的员工每天需要在 PMS 系统中修改、录入运检设备资产参数、运行参数、物理参数等字段信息，每周需录入台账数据 400 条，涉及设备几十余类，大小流程 9 个。在不同设备需录入的字段信息中，相同字段占比 90%，400 条台账录入每周耗时 12h。

7.1.2 新一代财务结算机器人

7.1.2.1 产品介绍

在电网公司物资集中采购、集中支付"两集中"的背景下，在物资合同结算过程中，对数据的准确性、业务办理及时性等业务处理效率提出了更高要求。随着集中结算工作范围不断扩大，合同结算涉及部门越来越多、结算单据越来越多、审批的流程越来越长，供应商"跑单难、签单贵、耗时久"；单据验审、流转、录入依赖传统人工比对、纸质传递和手工录入，效率较低；结算业务流、数据流、资金流未能实时同步、信息化程度不高等问题日益凸显。

针对上述痛点，新一代财务结算机器人采用先进的信息化技术手段，致力于推动结算流程改进，资金支付方式优化，通过数据统一、业财协同、数据融合，实现"业务流、数据流、发票流、资金流"四流合一，助力降低公司营运风险。

（1）数据统一：从源端对数据质量控制，保证数据质量，确保数据统一。

（2）业财协同：统一制定业务规范，在物资收货、入库、三单检查、发票挂账、资金计划等业务环节进行管控和规范，确保各类信息数据准确及时流转。

（3）数据融合：借助信息化手段，将结构化与非结构化数据信息存储在指定位置，通过接口调用方式实现业务系统与此类数据的联动，为财务入库、入账、资金提报等环节提供线上数据支撑。

7.1.2.2 功能特点

新一代财务结算机器人是以本地及云端运行并且兼备 RPA 及 AI 功能的软件自动化机器人，结合机器人学习、图像识别、语义识别、流程引擎、规则引擎、业务化识别引擎、前置条件识别引擎快速学习用户操作，同时采用先进的 Web 自动化技术、桌面自动化技术实现全站可靠工作流程的全自动化，实现物财业务人工智能化。满足电网业务需求及信息化建设现状的需求，全面整合项目、物资、财务等业务与数据信息，打通各环节信息壁垒，优化原有物资业务流程，全面提升物资业务效率、水平，同时将先进的信息技术、数据通信传输技术、智能移动终端技术、中间件技术及数据安全和保密等技术，有效地集成运用于整个物资采购及付款过程中，提供有强力的信息化支撑。

7.1.2.3 应用成效

某省电力公司物资分公司作为此次试点单位,同时作为电网公司智慧供应链的试点单位,结合电网公司的智慧供应链的建设,开展电网物资采购合同结算自动化,缩短了物资采购合同的平均结算时间,结算时间比之前节约70%,由系统自动完成月度资金计划申请及流程发起,确保款项"应付尽付",提升了物资采购合同结算质效,人员投入由原来投入5人/天减少为1人/天,按此系统运行两年,经过测算,可为企业节约运行成本734.85万元。电网物资采购合同结算自动化应用实践,在智慧供应链的建设、"基层减负""降本增效"等方面都提供了可复制的方法实践,已形成标准的实施方法论,可以在电网企业及相关的电力行业内进行推广应用。

7.1.3 电力检修工作专家型智慧问答机器人

7.1.3.1 产品介绍

针对电力公司在开展电力检修过程中遇到的设备知识难以灵活检索、设计文档人工审核、设备评价报告人工评审等痛点,电力检修工作专家型智慧问答机器人是一款运用创新工业设备管理领域文本数据信息提取、结构化与非结构化数据融合、知识推理等技术的电力设备文档自动化审核机器人,包括电力设备领域文本结构化提取模块、设备知识图谱组件、文本审核组件,提供知识驱动的设备知识问答、文档自动审核等服务。

7.1.3.2 功能特点

电力检修工作专家型智慧问答机器人提供了对变压器故障报告、设备状态评价报告、输电线路初步设计等多种报告的自动化提取模块,自动识别文档中的关键要素及其关系,并将设备相关的标准与导则转换为电力标准知识图谱,实现了一个基于神经网络的语义相似度计算模型及语义查询模型,实现电力检修领域知识的智能问答及相关文档的自动化审核。其产品平台结构图如图7-1所示。

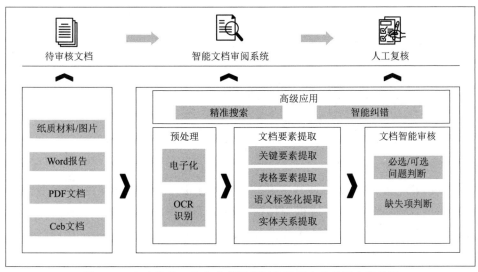

图7-1 电力检修工作专家型智慧问答机器人产品平台结构图

（1）基于 BERT 模型的设备报告提取技术：利用该技术实现对设备状态评价报告、输电线路设计报告信息的智能提取，准确率达到 85％以上。

（2）设备标准导则标签自动化识别技术：利用该技术可实现对设备标准/导则的语义标签化识别，识别准确度达到 83％以上。

（3）基于设备标准知识图谱的语义对比技术：通过将电力设备相关标准与导则进行知识工程化处理，将其转换为设备标准知识图谱，并综合神经网络技术，形成一个语义相似度计算模型，相似语义判断准确率达到 86％以上。

7.1.3.3 应用成效

电力检修工作专家型智慧问答机器人，通过文档智能审核，数小时的人工审核时间缩短至数分钟，极大地提高人工审核效率；并通过智能问答服务，方便一线人员快速自由地进行知识检索，如图 7-2 所示。目前，电力检修工作专家型智慧问答机器人已在科研院所、省电力公司等单位开展实际应用，提高了管理人员的文档审核效率和运检知识的查询效率。

智能问答　　　　　　　　　　　　　　　　　文本智能审核

图 7-2　电力检修工作专家型智慧问答机器人产品界面示意

7.2　人工智能技术应用创新方案

7.2.1　智慧机房建设示范方案

7.2.1.1　方案介绍

目前全国共有近 54 万家数据中心机房，大多数数据中心机房的资产的管理、安全性和监控等问题还是没有很好地得到解决，阻碍了数据中心机房管理和服务水平的进一步提高。信息机房作为企业信息化建设的信息通信基础架构，对其管理的优化升级尤为重要。当前数据中心资产主要采用人工方式，存在管理效率低下、定位不及时、前清后乱、账实不符等问题。在新一代数据中心运维及管理过程中，物联网技术可以有效帮助数据中心管理者实现高效、智能的资源管理，保障数据中心管理的高效性及规范性。采用射频识别技术（Radio Frequency Identification，以下简称"RFID"）、3D图形建模和智能安全管控技术，研发具备个性化的机房RFID智能管控系统，实现机房设备的智能管控。

智慧机房解决方案可以让数据中心机房实现真正的智能化管理，使设备定位精确到机柜内部厘米级别，可以跟踪人员运动轨迹，通过实时全景动态可视化的监控系统，实现海量机房资产精细化和智能化管理，智慧机房是机房资产管理系统的发展趋势。

7.2.1.2 功能特点

某电力公司智慧机房项目充分采用RFID、身份识别、3D图形建模和智能安全管控等技术。方案的主要建设内容和创新点如下：

（1）智慧的资产管理。基于RFID和U位资产监控器，在机房资产管理中引入实物ID，实现对机房资产"U位级"实时精准信息采集、资产移动台账自动更新。通过区块链技术保证信息的真实可信，借助区域定位技术和3D可视化展示，帮助运维人员自动获取设备的准确位置信息，最终实现资产自动盘点和机柜资源情况的实时统计分析。

（2）安全智能监管。基于人脸识别技术、出入门RFID识别通道、机柜电子锁、人员区域权限控制技术，实现不同人员进入机房后对机柜的管理权限不同，同时实时监测机房资产、人员的位置和运动轨迹。通过电子围栏及时进行异常预警，提升机房安全管理能力。

（3）智能电子标牌。通过在机柜上配置电子标牌，借助与管理平台的实时数据同步，完成机柜内设备资产信息实时显示，摆脱传统纸质标签标识的人工管理，实现资产信息的自动化显示，并在设备信息和位置变动后实时自动更新。

（4）机房及资产3D可视化展示。提供三维可视化管理功能，对数据中心按照楼层、房间、机柜、设备等维度进行图形化建模，直观显示当前云数据中心的资产情况。通过选择相应的设备图形，可以直观地展示出设备信息，并可以对设备进行相应的操作，提供直观化、信息化、可视化的资产展示管理。

7.2.1.3 应用成效

智慧机房解决方案主要应用于大型数据中心资产智能化管理方面，以软硬件结合的方式，形成整体解决方案，可在能源、政府、大型企业等多个行业推广应用。当前几乎所有数据中心机房都面临账卡物不一致、机房安全、运维保障难等痛点，智慧机房可以帮助机房运维部门降低成本，提升管理决策水平与管理效益。

（1）节约运维成本。智慧机房解决方案应用后，按一个机房300个机柜估算，机房资产盘点数据从原来的数月提升到实时；机房运维管控从人工转变为自动，每年可节约人力成本80万元左右；并且机房的安全性得到巨大提升。

（2）提升机房空间利用率。实时掌握数据中心机柜空间信息，为机柜快速部署提供准确的数据支持和机柜空间规划，机房空间利用率提升了30％。

（3）提升设备利用率。通过对设备的实时精准盘点和统计，实时掌握机房设备准确信息，避免出现设备遗漏和空闲设备，提升设备利用率，减少物资重复采购。

7.2.2 智慧变电站解决方案

7.2.2.1 方案介绍

变电运维工作是变电站安全稳定运行的重要保障，随着大电网建设的不断推进，变电站设备数量迅猛增长，依据电网公司设备部智能运检体系规划，针对当前变电站工作量激增与人员相对短缺的矛盾以及变电站智慧化水平有限等问题，并且随着计算机技术和人工智能技术不断飞速发展，提出了智慧变电站解决方案，自主研发面向变电站的智能巡检机器人、变电站智能消防机器人、避雷器在线监测、智能声纹检测系统、厂站图像识别联合巡视设备、变电信息综合处理系统等系列产品，攻关可见光/红外图像识别、声纹识别、边缘计算等人工智能关键技术。

7.2.2.2 功能特点

通过变电站巡检机器人和高清视频智能巡检，攻关可见光/红外图像识别、声纹识别、边缘计算等人工智能关键技术，推动建设智慧变电站建设，整体设计遵循电力物联网整体技术架构，分成感知层、网络层、平台层、应用层。其中关键的技术及设备如下：

（1）图像识别。形成变电巡检图像识别模块，并与远程智能巡检系统集成，实现高清视频与变电站巡检机器人拍摄图像的实时诊断。

（2）声纹识别。声纹识别模块利用人工智能分析算法，有效解决设备通过图像或在线监测等手段无法识别的潜伏性缺陷和隐患，通过声音识别分析，可实现直流偏磁、过负荷、过励磁、机械松动、变压器绕组变形、有载分接开关故障、断路器操作结构异常等故障的识别预警。

（3）多路视频流高精度识别边缘计算设备。面向多路视频流进行实时高精度图像识别缺陷智能处理的边缘计算板，含有高深度网络模型，具有变电站可见光图像典型缺陷识别、判别、红外图像智能诊断功能。

（4）智能避雷器在线监测设备。实现变电站内 35kV 及以上避雷器的泄露电流、阻性电流和动作次数及时间的智能感知，终端采用极低功耗设计，仅需依靠避雷器的微泄露电流即可工作，不需要外部供应能源。

智能变电解决方案技术架构图如图 7－3 所示。

7.2.2.3 应用成效

智慧变电站解决方案不仅适用于变电站巡检，还可以应用于火电站、水电站、抽水蓄能电站等发电领域的智能巡检场景。目前，该解决方案在不同区域不同项目中得到了应用。站端改造、网络拓展、平台研发及土建实施等，提升变电站"状态全面感知、信息互联共享、人机友好交互、设备诊断高度智能"的能力。高清视频监控解决了传统模拟视频清晰度不足、线路干扰老化等问题，主要监控范围以出入口、周界围墙、主要通道、重要设备、场区等，实现变电站内主要区域及设备的全面监视。通过部署巡检机器人以及高清视频终端，提供系统化、智能化、一体化的智能巡检解决方案。避雷器监测会诊断出避雷器的阻性电流异常情况，并判定该避雷器是否出现绝缘老化故障。

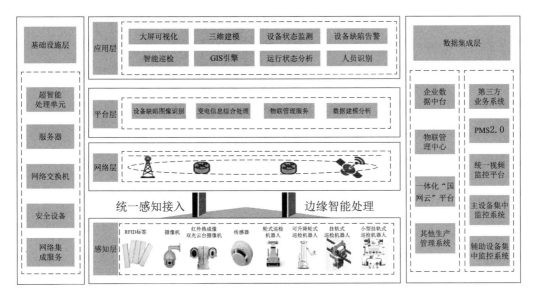

图 7-3 智能变电解决方案技术架构图

7.2.3 智慧线路解决方案

7.2.3.1 方案介绍

依据电网公司设备智能运检体系规划,智慧输电线路建设,通过电力传感器、无线传感网、人工智能、边缘计算等技术手段的应用,构建输电线路设备物联网,实现设备立体感知、通道全景监控、数据云边处理、状态辅助预判、安全智能管控、运检效益提升,推进输电专业管理模式向更智慧、更高效和更安全,推动坚强智能电网和电力物联网的深度融合,打造具有中国特色国际领先的能源互联网。

7.2.3.2 功能特点

智慧线路解决方案总体架构分为感知层、网络层、平台层和应用层。感知层包括安装在输电线路上用以获取线路本体、通道环境和状态参数的传感器,以及数据汇聚装置;网络层包括用以数据传输的 4G/5G 移动通信、无基站的宽带接入及数据传输和光纤通信;平台层支撑监测数据分析、展示、检修与巡视管理;平台层包括可视化全景展示、定制化巡视、智能化管控和一体化检修和数据回溯分析。智慧线路解决方案减轻基层运维人员工作负担,保障输电线路的安全可控。

(1)采用分布式光纤传感技术可获得 OPGW 沿线任意点温度和应变信息,在杆塔现场无需安装额外传感器、供电系统以及通信装置,即可实现线路全段的覆冰监测、雷击监测、异常拉力、线路舞动异常报警预警等功能。

(2)稳定高效智能感知,实现输电线路全天候全景可视。针对输电线路的通道、本体等目标,依托夜视、三维建模、边缘计算、视频传输等技术,实现输电线路的实时全天候全景可视监控。

（3）智能算法精准研判，实现安全隐患主动预警，基于人工智能深度学习的图像识别算法和云边协同技术，支持对输电线路本体、导线异物、烟火、通道作业、杆塔基础等场景的实时缺陷识别，以及实现复杂情况下多目标缺陷的精准研判。

（4）无人机自主巡检全业务流程化操作。无人机巡检管控平台模块包括路径采集APP、一键巡检 APP、自主巡检管理系统，分别实现路径整理、路径规划、一键巡检、二维地图管控、三维实时物联管理、巡检任务管理、巡检成果处理及管理等功能。

（5）创新管控运检模式，实现输电线路运检一体化。打造态势感知、智能分析、工况预警、巡检规划的运检新模式，结合 PMS 系统（power production management system，工程生产管理系统），实现密集通道状态异常情况下，自动下发检修工单、检修任务，形成数据采集、图像分析、工单通知、运行检修的运检一体化业务闭环。

7.2.3.3 应用成效

智慧线路解决方案适用于输电线路状态实时感知与智能诊断、自然灾害全景感知与预警决策、空天地多维融合及协同自主巡检等应用场景，降低检修工作人员的劳动强度，缩短巡视周期，提高输电线路的运维检修能力。

（1）覆冰监测。本解决方案在某地区应用，该地区输电线路是覆冰的重灾区，曾多次遭受冰害。在 500kV 变电站部署在线监测系统，采用边缘计算、人工智能和数据分析技术，成功地定位冰害线路，并对受损光缆进行更换，有力地保障了 220kV 甘盐、甘北、甘大三条绝缘化改造后的 OPGW（Optical Fiber Composite Overhead Ground Wire，光纤复合架空地线）线路的安全稳定传输。

（2）供电公司推广应用。建立从"人巡"到"机巡"、从"地面巡视"到"空、天、地"多维立体巡检、从"人眼判图"到"机器识图"的运检体系，为电网稳定运行提供有力的信息技术支撑，全面提升了电网巡检业务的智能化和管理精益化水平。

（3）峰会保电。本解决方案成功应用在厦门金砖峰会和青岛上合峰会的保电任务上，实现了缺陷智能研判、实时主动预警等核心应用功能，建立从"人眼判图"到"机器识图"的运检体系，改变了以往输电线路的粗放式管理，开启了"精细化、精准化、智能化"管理新模式，有效提升了运维检修效率，保障了电网安全运行。

7.2.4 无人机智能巡检应用平台

7.2.4.1 方案介绍

针对无人机电力飞行作业流程标准缺失、无人机巡检数据缺乏统一管理、人工处理巡检数据效率低下、传统人工巡视面临安全隐患等问题，对输电线路无人机巡检业务中飞行作业流程标准化、巡检数据管理及智能分析、资源管理等业务应用场景开展了设计与研发工作，研发了"无人机智能巡检应用平台"，提供无人机飞行作业标准化管理、无人机巡检数据智能化分析等，解决能源企业对电力线路设施的巡检业务管理与应用的需要。

7.2.4.2 功能特点

无人机智能巡检应用平台包括无人机资源管理、禁飞区管理、无人机运行管理、数据智能化分析、应急支持、预警管理等多个管理应用模块，满足无人机巡检业务应用及数据处理分析，其关键技术如下：

（1）输电设备典型缺陷图像智能解译。参考现行《架空输电线路缺陷分类细则》，结合无人机采集图像的特性，制定无人机巡检图像数据标准化采集方法与缺陷分类准则，对于适合使用图像分析的电力设备缺陷进行精准分类，建立基于"深度学习"技术的电力设施典型缺陷样本库，实现电力设施典型缺陷的模型训练与自动识别。

（2）无人机巡检流程标准化。统筹考虑无人机巡检工作的信息化处理及未来发展需要，建立统一的无人机飞行作业流程管理和无人机资源管理技术框架。巡检数据管理与智能分析，支持图像数据和视频数据实时回传，通过图像附带的坐标数据实现图片与输电线路杆塔信息的自动匹配，利用深度学习算法实现输电设备缺陷的智能识别。建立输电线路通道三维模型与隐患分析，利用倾斜摄影技术获得输电通道的点云数据，对经处理后得到的三维模型应用三维模型自动量测分析技术，完成对输电走廊隐患的自动识别。

无人机智能巡检应用平台架构图如图 7-4 所示。

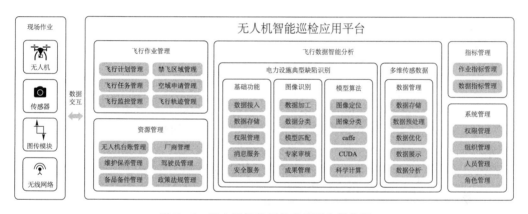

图 7-4 无人机智能巡检应用平台架构图

本平台创新点如下：

（1）国内首套基于深度学习的无人机全周期输电智能巡检平台。在电力行业率先实现无人机巡检作业全过程管控、海量巡检成果与无人机资产全生命周期管理。以数字化技术推进输电线路巡检作业管理方式的转变。

（2）输电设备典型缺陷智能图像解译体系，攻克输电设施微小构件缺陷智能识别技术，并将大中型构件缺陷自动识别精度大幅提高。建立了基于"深度卷积神经网络"算法的电力设施典型缺陷海量样本库，持续进行电力设施典型缺陷的模型训练与自动识别。目前国内外电力设施缺陷识别精度一般在 50% 左右，该平台的识别精度超过 80%。

（3）多旋翼、固定翼无人机在输电线路本体巡视、通道巡检多传感融合技术，将可见光、红外、紫外、倾斜摄影、激光雷达构成的传感器成果融合一体，综合解决了输电线路智能巡检作业多维数据应用的问题。

7.2.4.3 应用成效

该平台可广泛应用于各供电公司开展的无人机输电线路巡检业务中，满足无人机的管理、运行、航拍数据处理及分析、应急支持等业务需要，通过有效的数据处理分析，提高数据的应用价值，整体提升巡检效率。该平台的相关技术辐射力强，可在电网、油田、铁路、通信等行业的公共设施巡检业务领域中进行全面推广应用。

目前，该平台已在多地开展实际应用，提升了国内电网无人机整体巡检的智能化应用水平，以及电力公司巡检业务的管理精益化程度，减少了人工作业的工作量，有效提高了巡检作业的效率和质量。

7.2.5 基于人工智能的项目管理推广应用

7.2.5.1 方案介绍

以项目为核心作为企业管理的基本单元，在项目管理过程中，运用信息化手段，对项目的范围、时间、成本、人员、采购等领域进行管理，意在更加快捷和高效地完成项目管理过程，同步完成企业的人、财、物管理，为企业提供一体化管理平台和项目管理的整体信息化解决方案。该企业一体化综合管理平台以项目为核心单元，融合企业服务各垂直业务领域，例如：ERP、HRM、FMS、OA、CRM 等，打造全新视角的企业管理服务一体化平台。解决独立平台间协作不高效、存在壁垒和冗余工作、数据孤岛、信息不互通、无法产生更高层的全局整合信息等问题。

7.2.5.2 功能特点

专业理论支撑：将 PMBoK（Project Management Body of Knowledge，项目管理知识体系）等专业化的理论知识融入平台，让专业化的理论知识结合实际工作得到具象化的体现。用户在完成日常工作的同时，潜移默化的提升个人工作能力。

让专业理论和管理思路可落地，易实施：降低业务认知门槛，注重各层用户感受，业务上手难度低，提高使用者参与度。

该企业一体化综合管理平台实现数据价值提升。

（1）数据收集：将企业的管理制度固化成表单和流程，日常办公线上化，高效率低成本的完成日常管理工作的同时收集大量基础数据。

（2）过程管控：贴身的流程定制，随时随地快速审批；管控预警，为审批过程提供决策依据，完成管理工作的同时，保证数据质量，奠定了数据价值的挖掘的基础。

（3）统计分析：基础数据丰富，任意检索，轻松导出；从"宏观"到"细节"全方位展现项目的所有信息，对接全系统数据，建立真实美观的实时可视化界面，助力企业整合数据资源，确保高效管理、有效内控和经营。

（4）数据价值提升：通过"数据收集→过程管控→统计分析"逐步提升企业数据的价值。

该管理平台具有以下创新点：

（1）自动制单：各项申请走到一定的流程点可打印单据，方便给财务线下归档，还可生成二维码，便于手机查看。

（2）过程预警：为审批过程提供决策依据。

（3）个人看板：个人看板是一个综合性的为个人用户服务的高效办公工具，可帮助收集所有应知应办的工作和信息，提供小秘书般的贴心服务；（4）在线报工：帮助企业完成以组织机构为成本依据转变为以项目为成本依据的数据的收集，同时提供报工导出服务，便于员工做工作总结。

7.2.5.3　应用成效

该管理平台可以帮助企业客户提高工作效率，降低管理成本，助力其快速成长。某大型集团公司，在项目管理流程中耗费企业大量的人力物力，如采购申请、项目合同、采购付款、人员报工、成本核算、费用报销等流程，在该管理平台投入实施后，为企业节省项目管理人员成本约 60％以上、节省办公用品 85％以上，每年节省项目管理成本近百万，并且能够实时掌控成本，有效控制各项风险和问题。同时，每一个项目的采购成本、人员成本、各类报销成本清晰可见，并与合同、收入一一对应，平均每一个项目可节省 3％～7％的综合费用。

7.2.6　配用电全景感知与分析的示范应用

7.2.6.1　方案介绍

随着配电网精益化管理的全面推行，配电网服务逐步从被动向主动转变，配电网服务将聚焦故障精准定位和客户满意度提升。各供电公司通常使用可靠率、电压合格率、线损率来衡量配电网性能的优劣，但目前的监测手段仅限于配电变压器状态和用户电表的电量数据，缺乏配用电设备全景感知能力，缺少配用电各类电气设备关系自动拓扑与分析，配电网的监控细粒度还不够，不能准确反映配电网运行状况，无法实现配电网故障主动发现与抢修，无法适应现代主动配电网发展要求和公司精益化管理的需要。目前存在的主要问题如下：

（1）台区异动造成户变关系不准，营配贯通数据前清后乱。随着经济发展水平的提高，用电负荷日益增加，配电台区拆分、新装导致配电台区户表异动频繁，台区经理未准确、及时地更新档案，造成户变关系不对应，营配贯通数据混乱。

（2）用户停电发现时间长，客户询问和投诉多。目前低压用户停电后，供电公司不能及时掌握故障发生地点及影响范围，导致恢复供电时间长，用户不知晓停电情况及原因，导致询问和 95598 投诉多。

（3）配变三相负荷不平衡，影响供电可靠性。配变三相负荷不平衡降低供电可靠性、增加铁损，目前治理方法依靠换相开关、电容型、SVG 治理装置，治理成本高，不能从根源上解决问题。

（4）线损治理缺少数据支撑，反窃电开展困难。部分农网供电半径过长，线路绝缘化程度低，高损台区多，制约台区综合线损水平提升。窃电行为查处目前主要依靠人工核查，不能满足窃电实时分析的要求。

（5）客户用能数据缺失，未实现数据增值变现。目前，对用户用能的情况缺乏有效感知手段，包括用能习惯、负荷辨识和细粒度监测，无法为精准营销、互动服务提供有效支撑。

7.2.6.2　功能特点

配用电全景感知与分析以云计算、大数据、物联网、移动应用及人工智能等技术为基础，通过信息化与自动化融合实现了配电网的"中压馈线-配电站房-末端设备"全域感知。在此基础上，平台进一步提升，实现配电网资源管理、运维抢修、能效管理与分析、协同控制与服务、能源托管与运营、精益管理与决策分析等应用，以提升配电网运营效率、降低运营成本、实现能源协同服务及数据服务增值，解决配电网一体化运营及服务问题。

（1）提升配电网运营效率。通过"线-变-开关"关系自动拓扑识别，构建配电网一张图，重点实现故障精准定位、抢修资源调度、协同控制服务等功能，提高配电网运营管理水平。

（2）降低配电网运营成本。通过对配电网资产全寿命管理，实现配电运营公司从规划、建设、运营、退役的全过程管理；通过能效优化分析，促进多能协同优化运行；通过用电行为的分析，引入价格杠杆机制，降低运营成本，促进配电网管理提质增效。

（3）实现配网数据服务增值。通过建设配电网主数据管理体系，实现配电网运营数据实时共享，支撑供电公司的规划、财务、运维等部门开展运维人员绩效评价、配电网运行方式优化等数据共享应用服务。

（4）实现配网能源协同服务。实现配网与新能源的接入与协同互补，配网与供电公司的能源互动，与配电运维队伍的服务协同，与供电公司的能源托管、用户挖掘，配网自身的节能增效等，提供业务管理及数据服务的支撑。

（5）云化部署、应用支持桌面化和移动化。采用云化部署，利用共享开放的架构和安全加密认证机制，实现桌面化和移动化办公，可根据用户的需求按需定制功能，平台无需额外投资硬件资源，系统建设成本少、运维成本小、数据安全可靠。

7.2.6.3 应用成效

配用电全景感知与分析在行业内外开展了示范应用，共涉及配电线路 10 余条，配电台区 60 余个，用户约 1 万户。试点以来，主要应用成效的技术指标如下：

（1）提出了一种基于时间序列的台区"户-相-变"关系自动拓扑及精准校验方法，研制了一种基于 HPLC 识别和小时电压分布序列校验的终端，实现了"户-相-变"拓扑关系的自动识别和精准校验，解决了共零台区串扰、边缘用户识别成功率低等问题，"共用零线"的台区识别成功率由 60% 提升至 99.9%。

（2）提出了一种基于动态规划的配变三相负荷不平衡调节方法，研制了一款配变三相负荷不平衡调节微应用。通过对台区、分支箱、表箱、电表的电气状态数据进行分析及建模，实现了三相不平衡用户挂接建议自动生成，经台区经理治理后，异常台区三相负荷不平衡度可调整至 12% 以内，试点区域三相负荷不平衡率治理完成率达 99%。

（3）提出了一种基于电气拓扑关系动态生成的"一张图"的方法，研制了一款"电网一张图"自动生成微应用，通过一次接线图和 GIS 图的增强融合应用，自动生成电网一张图，形成了跨部门、跨专业、跨领域的一体化数据资源体系，实现电网资源"一图、一库、一终端"的应用矩阵。图形生成的成功率达 100%。

配用电全景感知与分析可在电网公司和拥有电网资产的社会化资本企业中大规模推广。围绕配网设备种类繁多、线路结构复杂、作业及管理难度大、支撑落后等问题，本成果研发了配用电全景感知与分析软件，对内破解了配电网管理难题，解决作业上的困难，对外提供了电力物联网新型业务的支撑能力。在"配用电一张图"方面，通过终端设备感知生成数字孪生图，为故障精准抢修、线损、三相不平衡治理等营配融合业务提供基础数据支撑；在营配贯通数据治理闭环方面，通过主动发现户变关系异常和机器人智能回填技术，形成营配贯通闭环管理，提高营配数据治理效率；在停电故障抢修方面，有效转变故障处理方式，提高用户满意度，提升公司主动服务和精益化管理水平。

第 8 章
电力人工智能技术产业发展建议

电力人工智能产业在大力推进的过程中应注重几方面建设：①电力公司应全面推进无人机、智能机器人的应用，提高运维安全性、高效性；②深化人工智能在电力营销业务领域的应用，以良好的服务质量从而满足用户合理用电的要求；③在强调深度学习的同时应该从理论出发，电力公司应完善电力人工智能系统数物结合思想，真正实现数物有机结合；④搭建电力人工智能公共服务平台各阶段需要不同类型人才支撑研发、运维，电力公司应分阶段针对性优化人才结构。

8.1　扩大无人机、机器人在电力运维领域的应用

无人机、机器人能够有效提高电力公司的在线监测、巡检监管效率，提高电力系统运维安全性、高效性。

电力输电线路点多、线长、面广，特别是高压、特高压输电线路输送容量大、输电距离远，线路沿途通道状况、环境条件、天气状况等对线路安全运行影响大，电力公司应利用输电线路防外破、线路缺陷识别、飘浮物和覆冰检测等图像分析算法，全面推进无人机在线监测，提前预知警示信息，保障电力线路安全运行的同时避免高空作业风险。

为提高电力系统运维工作效率，电力公司应全面推进智能机器的场景应用。应用于电力领域的特种机器人包括"单轨制"巡检变电站智能机器人、室内轨道式智能巡检机器人、换流站阀厅检测机器人等，如电力公司应用变电站巡检机器人有效辅助变压器电气性能状态评价，实现对电力变压器设备自动化、差异化评价。

8.2　深化人工智能在电力营销业务体系的应用

电力营销包括电价、电量、电价等管理业务，目标是以良好的服务质量从而满足用户合理用电的要求，实现电力供求之间的相互协调。电力行业企业需要结合人工智能技术在电力行业的应用，不断优化营商环境，提供优质便捷服务，着力人工智能技术在虚拟服务助手、对话机器人、智能对话服务、销售虚拟助手等方面的应用。

随着新能源充电桩等被列入国家基础性设施建设当中，电力相关企业应注重智能充电站的建设，结合人工智能技术，对充电站、充电桩进行合理规划，达到实时监测用电健康状况的效果。

未来电力企业还需要进一步发挥人工智能技术在电价宏观预测、售电量智能预测、电量电费风险等领域的作用，促进电力营销业务的优质化发展。

8.3 坚持电力人工智能系统数物结合思想

电力行业应用人工智能技术形成智能化自动处理系统是重要发展趋势，虽然基于以深度学习为代表的人工智能算法更适合现代电力系统的分析与处理，然而其分析结果和提供的解决方案很大程度上制约于算法的可解释性，智能化自动处理系统过于依赖于深度学习算法，对于数据准确性要求很高，容易受到虚假数据干扰。

为了增强电力人工智能系统分析的准确性，区分程序中断故障输出和实际故障因素，提高设施故障诊断效率和精度，电力公司在利用深度学习时需要从电力系统基础理论出发，将物理模型与电力数据结构之间的参数关系系统化，完善电力系统数物结合思想，并在此基础上将数据结构与机理模型之间的联系高效地应用于电力系统分布式人工智能算法与智能化平台中，真正实现数物有机结合。

8.4 持续优化人才结构搭建公共服务平台

人工智能技术作为新一代电子信息技术的代表之一，其与电力行业的深度融合还需要在推动形成优化的人才结构，搭建电力人工智能基础实验及公共服务平台等方面进行建设。

（1）第一阶段对应初步搭建电力人工智能公共服务平台，这一阶段的任务主要是平台成型，可以进行单一业务的分析处理，电力公司需要培养既熟悉电力业务又了解人工智能技术的人才队伍，加强企业内部业务人才的技术培训，逐步形成技术工人与专业人才同步提升。

（2）第二阶段对应协同优化公共服务平台，相较上一阶段各业务平台独立运行的孤岛效应，此阶段的任务主要是联合独立平台协同发展，对应人才应具备针对人工智能集成系统平台的开发能力，电力公司需要推动与高校合作，共同培养精通人工智能技术、具有专业分析和决策能力，能够将相互独立的电力业务结合成网的专业人才。

（3）第三阶段对应智能联动公共服务平台，相较上一阶段协同发展，此阶段的任务主要是发挥人工智能"主观能动性"，实现智能联动。电力公司培养人才结构由感知智能向认知智能过渡，鼓励行业专家将主导课题带入公司进行产学研规模转化。

在搭建电力人工智能公共服务平台各阶段的过程中，电力公司需要有针对性地提前储备相关技术人才，持续优化人才结构。

附录
基于专利的企业技术创新力评价思路和方法

1 研究思路

1.1 基于专利的企业技术创新力评价研究思路

构建一套衡量企业技术创新力的指标体系。围绕企业高质量发展的特征和内涵，按照科学性与完备性、层次性与单义性、可计算与可操作性、动态性以及可通用性等原则，从众多的专利指标中选取便于度量、较为灵敏的重点指标（创新活跃度、创新集中度、创新开放度、创新价值度），以专利数据为基础构建一套适合衡量企业创新发展、高质量发展要求的科学合理评价指标体系。

1.2 电力人工智能技术领域专利分析研究思路

（1）在人工智能技术领域内，制定技术分解表。技术分解表中包括不同等级，每一等级下对应多个技术分支。对每一技术分支做深入研究，以明确检索边界。

（2）基于技术分解表所确定的检索边界制定检索策略，确定检索要素（如关键词和/或分类号），并通过科技文献、专利文献、网络咨询等渠道扩展检索要素。基于检索策略将扩展后的检索要素进行逻辑运算，最终形成人工智能技术领域的检索式。

（3）选择多个专利信息检索平台，利用检索式从专利信息检索平台上采集、清洗数据。清洗数据包括同族合并、申请号合并、申请人名称规范、去除噪声等，最终形成用于专利分析的专利数据集合。

（4）基于专利数据集合，开展企业技术创新力评价，并在全球和中国范围内从多个维度展开专利分析。

2 研究方法

2.1 基于专利的企业技术创新力评价研究方法

2.1.1 基于专利的企业技术创新力评价指标选取原则

评价企业技术创新力的指标体系的建立原则围绕企业高质量发展的特征和内涵，从众多的专利指标中选取便于度量、较为灵敏的重点指标来构建，即需遵循科学性与完备性、层次性与单义性、可计算与可操作性、相对稳定性与绝对动态性相结合以及可通用性等原则。

1. 科学性与完备性原则

科学性原则指的是指标的选取和指标体系的建立应科学规范。包括指标的选取、权重系数的确定、数据的选取等必须以科学理论为依据，即必优先满足科学性原则。根据这一原则，指标概念必须清晰明确，且具有一定的、具体的科学含义同时，设置的指标必须以客观存在的事实为基础，这样才能客观反映其所标识、度量的系统的发展特性。同时，企业技术创新力评价指标体系作为一个整体，所选取指标的范围应尽可能涵盖企业高质量发展的概念与特征的主要方面和特点，不能只对高质量发展的某个方面进行评价，防止以偏概全。

2. 层次性与单义性原则

专利对企业技术创新力的支撑是一项复杂的系统工程，具有一定的层次结构，这是复杂大系统的一个重要特性。因此，专利支撑企业技术创新力发展的指标体系所选择的指标应具有也应体现出这种层次结构，以便于对指标体系的理解。同时，专利对于企业技术创新力发展的各支撑要素之间存在着错综复杂的联系，指标的含义也往往相互包容，这样就会使系统的某个方面重复计算，使评价结果失真。所以，专利支撑企业技术创新力发展的指标体系所选取的每个指标必须有明确的含义，且指标与指标之间不能相互涵盖和交叉，以保证特征描述和评价结果的可靠性。

3. 可计算性与可操作性原则

专利支撑企业技术创新力发展的评价是通过对评价指标体系中各指标反映出的信息，并采用一定运算方法计算出来的。这样所选取的指标必须可以计算或有明确的取值方法，这是评价指标选择的基本方法，特征描述指标无需遵循这一原则。同时，专利支撑企业技术创新力发展的指标体系的可操作性原则具有两层含义具体如下：①所选取的指标越多，意味着评价工作量越大，所消耗的资源（人力、物力、财力等）和时间也越多，技术要求也越高。可操作性原则要求在保证完备性原则的条件下，尽可能选择有代表性的综合性指标，去除代表性不强、敏感性差的指标；②度量指标的所有数据易于获取和表述，并且各指标之间具有可比性。

4. 相对稳定性与绝对动态性相结合的原则

专利支撑企业技术创新力发展的指标体系的构建过程包括评价指标体系的建立、实施和调整三个阶段。为保证这三个阶段上的延续性，又能比较不同阶段的具体情况，要求评价指标体系具有相对的稳定性或相对一致性。但同时，由于专利支撑企业技术创新力发展的动态性特征，应在评价指标体系实施一段时间后不断修正这一体系，以满足未来企业技术创新力发展的要求；另外，应根据专家意见并结合公众参与的反馈信息补充，以完善专利支撑企业技术创新力发展的指标体系。

5. 通用性原则

由于专利可按照其不同的属性特点和维度划分，其对于企业技术创新力发展的支撑作用聚焦在企业层面，因此，设计评价指标体系时，必须考虑在不该层面和维度的通用性。

2.1.2 基于专利的企业技术创新力评价指标体系结构

附表 2-1 指标体系

一级指标	二级指标	三级指标	指 标 含 义	计 算 方 法	影响力
企业技术创新力指数	创新活跃度	专利申请数量	申请人目前已经申请的专利总量，越高代表科技成果产出的数量越多，基数越大，是影响专利申请活跃度、授权专利发明人数活跃度、国外同族专利占比、专利授权率和有效专利数量的基础性指标	/	5+
		专利申请活跃度	申请人近五年专利申请数量，越高代表科技成果产出的速度越高，创新越活跃	近五年专利申请量	5+
		授权专利发明人数活跃度	申请人近年授权专利的发明人数量与总授权专利的发明人数量的比值，越高代表近年的人力资源投入越多，创新越活跃	近五年授权专利发明人数量/总授权专利发明人数量	5+
		国外同族专利占比	申请人国外布局专利数量与总布局专利数量的比值，越高代表向其他地域布局越活跃	国外申请专利数量/总专利申请数量	4+
		专利授权率	申请人专利授权的比率，越高代表有效的科技成果产出的比率越高，创新越活跃	授权专利数/审结专利数	3+
		有效专利数量	申请人拥有的有效专利总量，越多代表有效的科技成果产出的数量越多，创新越活跃	从已公开的专利数量中统计已授权且当前有效的专利总量	3+
	创新集中度	核心技术集中度	申请人核心技术对应的专利申请量与专利申请总量的比值，越高代表申请人越专注于某一技术的创新	该领域位于榜首的IPC对应的专利数量/申请人自身专利申请总量	5+
		专利占有率	申请人在某领域的核心技术专利总数除以本领域所有申请人在某领域核心技术的专利总数，可以判断在此领域的影响力，越大则代表影响力越大，在此领域的创新越集中	位于榜首的IPC对应的专利数量/该IPC下所有申请人的专利数量	5+
		发明人集中度	申请人发明人人均专利数量，越高则代表越集中	发明人数量/专利申请总数	4+
		发明专利占比	发明专利的数量与专利申请总数量的比值，越高则代表产出的专利类型越集中，创新集中度相对越高	发明专利数量/专利申请总数	3+

一级指标	二级指标	三级指标	指 标 含 义	计 算 方 法	影响力
企业技术创新力指数	创新开放度	合作申请专利占比	合作申请专利数量与专利申请总数的比值，越高则代表合作申请越活跃，科技成果的产出源头越开放	申请人数大于或等于2的专利数量/专利申请总数	5+
		专利许可数	申请人所拥有的专利中，发生过许可和正在许可的专利数量，越高则代表科技成果的应用越开放	发生过许可和正在许可的专利数量	5+
		专利转让数	申请人所拥有的有效专利中，发生过转让和已经转让的专利数量，越高则代表科技成果的应用越开放	发生过转让和正在转让的专利数量	5+
		专利质押数	申请人所拥有的有效专利中，发生过质押和正在质押的专利数量，越高则代表科技成果的应用越开放	发生过质押和正在质押的专利数量	5+
	创新价值度	高价值专利占比	申请人高价值专利数量与专利总数量的比值，越高则代表科技创新成果的质量越高，创新价值度越高	4星及以上专利数量/专利总量	5+
		专利平均被引次数	申请人所拥有专利的被引证总次数与专利数量的比值，越高则代表对于后续技术的影响力越大，创新价值度越高	被引证总次数/专利总数	5+
		获奖专利数量	申请人所拥有的专利中获得过中国专利奖的数量	获奖专利总数	4+
		授权专利平均权利要求项数	申请人授权专利权利要求总项数与授权专利数量的比值，越高则代表单件专利的权利布局越完备，创新价值度越高	授权专利权利要求总项数/授权专利数量	4+

一级指数为总指数，即企业技术创新力指数。二级指数分别对应四个构成元素的指数，分别为创新活跃度指数、创新集中度指数、创新开放度指数、创新价值度指数；其下设置4~6个具体的核心指标，予以支撑。

2.1.3 基于专利的企业技术创新力评价指标计算方法

附表 2-2   指标体系及权重列表

一级指标	二级指标	权重	三 级 指 标	指标代码	指标权重
技术创新力指数	创新活跃度 A	0.3	专利申请数量	A_1	0.4
			专利申请活跃度	A_2	0.2
			授权专利发明人数活跃度	A_3	0.1
			国外同族专利占比	A_4	0.1

一级指标	二级指标	权重	三 级 指 标	指标代码	指标权重
技术创新力指数	创新活跃度 A	0.3	专利授权率	A_5	0.1
			有效专利数量	A_6	0.1
	创新集中度 B	0.15	核心技术集中度	B_1	0.3
			专利占有率	B_2	0.3
			发明人集中度	B_3	0.2
			发明专利占比	B_4	0.2
	创新开放度 C	0.15	合作申请专利占比	C_1	0.1
			专利许可数	C_2	0.3
			专利转让数	C_3	0.3
			专利质押数	C_4	0.3
	创新价值度 D	0.4	高价值专利占比	D_1	0.3
			专利平均被引次数	D_2	0.3
			获奖专利数量	D_3	0.2
			授权专利平均权利要求项数	D_4	0.2

如上文所述,企业技术创新力评价体系(即"F")由创新活跃度(即"$F(A)$")、创新集中度(即"$F(B)$")、创新开放度(即"$F(C)$")、创新价值度(即"$F(D)$")4个二级指标,专利申请数量、专利申请活跃度、授权发明人数活跃度、国外同族专利占比、专利授权率、有效专利数量、核心技术集中度、专利占有率、发明人集中度、专利占有率、发明人集中度、发明专利占比、合作申请专利占比、专利许可数、专利转让数、专利质押数、高价值专利占比、专利平均被引次数、获奖专利数量、授权专利平均权利要求项数18个三级指标构成,经专家根据各指标影响力大小和各指标实际值多次讨论和实证得出各二级指标和三级指标权重与计算方法,具体计算规则如下文所述:

$$F=0.3×F(A)+0.15×F(B)+0.15×F(C)+0.4×F(D)$$

其中 $F(A)=(0.4×$专利申请数量$+0.2×$专利申请活跃度$+0.1×$授权专利发明人数活跃度$+0.1×$国外同族专利占比$+0.1×$专利授权率$+0.1×$有效专利数量);

$F(B)=(0.3×$核心技术集中度$+0.3×$专利占有率$+0.2×$发明人集中度$+0.2×$发明专利占比);

$F(C)=(0.1×$合作申请专利占比$+0.3×$专利许可数$+0.3×$专利转让数$+0.3×$专利质押数);

$F(D)=(0.3×$高价值专利占比$+0.3×$专利平均被引次数$+0.2×$获奖专利数量$+0.2×$授权专利平均权利要求项数)。

各指标的最终得分根据各申请人在本技术领域专利的具体指标值进行打分。

2.2　电力人工智能技术领域专利分析研究方法

2.2.1　确定研究对象

为了全面、客观、准确地确定本报告的研究对象，首先通过查阅科技文献、技术调研等多种途径充分了解电力信息通信领域关于人工智能的技术发展现状及发展方向，同时通过与行业内专家的沟通和交流，确定了本报告的研究对象及具体的研究范围为：电力信通领域人工智能技术。

2.2.2　数据检索

2.2.2.1　制定检索策略

为了确保专利数据的完整、准确，尽量避免或者减少系统误差和人为误差，本报告采用如下检索策略：

（1）以商业专利数据库为专利检索数据库，同时以各局官网为辅助数据库。

（2）采用分类号和关键词制定人工智能技术的检索策略，并进一步采用申请人和发明人对检索式进行查全率和查准率的验证。

2.2.2.2　技术分解表

附表 2-3　　　　　　　　　　人工智能技术分解表

一级分支	二级分支	三　级　分　支
人工智能	人机交互	人工智能技术
		人工智能算法
		人工智能芯片
		智能行为
		智能机器人
		智能制造
		语音交互
		语音识别
		感知智能
	机器学习	神经网络
		神经机器翻译
		神经图灵机
		循环神经网络
		对抗网络
		概率图模型
		高斯混合模型

续表

一级分支	二级分支	三　级　分　支
人工智能	机器学习	隐动态模型
		隐马尔可夫模型
		代理
		仿射层
		多层感知器
		隐藏层
		深度学习网络
		深度 Q 网络
		深度卷积生成对抗网络
		深度神经网络
		深度信念网络
		生成对抗网络
		前馈神经网络
		机器学习算法
		机器感知
		机器视觉
		机器思维
		半监督学习
		无监督学习
		监督学习
		多模态学习
		K -最近邻算法
		Logistic 回归
		$\alpha - \beta$ 剪枝
		博弈论
		超限学习机
		非凸优化
		随机梯度下降
		特征学习
		通过时间的反向传播
		受限玻尔兹曼机
		数据分析
		噪声对比估计

一级分支	二级分支	三　级　分　支
人工智能	机器学习	长短期记忆
		支持向量机
		知识工程
		遗传算法
		主成分分析
		自然语言处理
		自然语言生成
		自组织映射
		最大池化
		最大似然
		分批标准化
		对数似然
		激活函数
		决策树
		决策系统
	计算机视觉	图像识别
		视频识别

2.2.3　数据清洗

通过检索式获取基础专利数据以后，需要通过阅读专利的标题、摘要等方法，将重复的以及与本报告无关的数据（噪声数据）去除，得到较为适宜的专利数据集合，以此作为本报告的数据基础。

3　企业技术创新力排行第1～50名

附表3-1　　电力信通人工智能技术领域企业技术创新力第1～50名

申 请 人 名 称	综合创新指数	排名
国网山东省电力公司电力科学研究院	81.1	1
中国电力科学研究院有限公司	74.2	2
华北电力大学	73.5	3
河海大学	73.0	4
山东大学	72.9	5
上海电力学院	72.1	6

申 请 人 名 称	综合创新指数	排名
广东电网有限责任公司电力科学研究院	72.0	7
国网湖南省电力有限公司	71.2	8
南瑞集团有限公司	70.4	9
广州供电局有限公司	69.9	10
西安交通大学	69.9	11
华中科技大学	69.6	12
浙江大学	68.6	13
东北大学	68.2	14
清华大学	68.1	15
东南大学	68.1	16
国网天津市电力公司	67.7	17
武汉大学	67.7	18
浙江工业大学	67.5	19
北京国电通网络技术有限公司	67.4	20
国网福建省电力有限公司	67.1	21
全球能源互联网研究院	66.8	22
国网山东省电力公司济南供电公司	66.5	23
华南理工大学	66.2	24
国网江苏省电力有限公司电力科学研究院	65.9	25
电子科技大学	65.6	26
燕山大学	65.1	27
国网江苏省电力有限公司	65.1	28
国网辽宁省电力有限公司	65.1	29
昆明理工大学	64.9	30
东北电力大学	64.6	31
国网电力科学研究院武汉南瑞有限责任公司	64.2	32
贵州电网有限责任公司电力科学研究院	63.5	33
云南电网有限责任公司电力科学研究院	63.1	34
国网浙江省电力公司经济技术研究院	62.9	35
国网上海市电力公司	62.6	36
四川大学	62.4	37
上海交通大学	62.2	38
国网北京市电力公司	61.9	39

申 请 人 名 称	综合创新指数	排名
国网冀北电力有限公司电力科学研究院	61.3	40
天津大学	61.1	41
西南交通大学	61.0	42
国电南瑞科技股份有限公司	60.7	43
广东电网有限责任公司	60.7	44
南京邮电大学	60.4	45
南方电网科学研究院有限责任公司	60.3	46
重庆大学	60.1	47
河海大学常州校区	60.1	48
上海电机学院	59.6	49
沈阳工业大学	59.5	50

4 相关事项说明

4.1 近期数据不完整说明

2019 年以后的专利申请数据存在不完整的情况,本报告统计的专利申请总量较实际的专利申请总量少。这是由于部分专利申请在检索截止日之前尚未公开。例如,PCT 专利申请可能自申请日起 30 个月甚至更长时间之后才进入国家阶段,从而导致与之相对应的国家公布时间更晚。发明专利申请通常自申请日(有优先权的,自优先权日)起 18 个月(要求提前公布的申请除外)才能被公布。以及实用新型专利申请在授权后才能获得公布,其公布日的滞后程度取决于审查周期的长短等。

4.2 申请人合并

附表 4-1   申 请 人 合 并

合 并 后	合 并 前
国家电网有限公司	国家电网公司
	国家电网有限公司
国网江苏省电力有限公司	江苏省电力公司
	国网江苏省电力公司
	国网江苏省电力有限公司
国网上海市电力公司	上海市电力公司
	国网上海市电力公司

合 并 后	合 并 前
云南电网有限责任公司电力科学研究院	云南电网电力科学研究院
	云南电网有限责任公司电力科学研究院
中国电力科学研究院有限公司	中国电力科学研究院
	中国电力科学研究院有限公司
华北电力大学	华北电力大学
	华北电力大学（保定）
	华北电力大学（北京）
ABB 技术公司	ABB 瑞士股份有限公司
	ABB 研究有限公司
	TOKYO ELECTRIC POWER CO
	ABB RESEARCH LTD
	ABB 服务有限公司
	ABB SCHWEIZ AG
NEC 公司	NEC CORP
	NEC CORPORATION
罗伯特·博世有限公司	BOSCH GMBH ROBERT
	ROBERT BOSCH GMBH
	罗伯特·博世有限公司
东京芝浦电气公司	东京芝浦电气公司
	OKYO SHIBAURA ELECTRIC CO
	TOKYO ELECTRIC POWER CO
富士通公司	FUJI ELECTRIC CO LTD
	FUJITSU GENERAL LTD
	FUJITSU LIMITED
	FUJITSU LTD
	FUJITSU TEN LTD
	富士通株式会社
佳能公司	CANON KABUSHIKI KAISHA
	CANON KK
日本电气公司	NIPPON DENSO CO
	NIPPON ELECTRIC CO
	NIPPON ELECTRIC ENG
	NIPPON SIGNAL CO LTD

合 并 后	合 并 前
日本电气公司	NIPPON SOKEN
	NIPPON STEEL CORP
	NIPPON TELEGRAPH & TELEPHONE
	日本電気株式会社
	日本電信電話株式会社
日本电装株式会社	DENSO CORP
	DENSO CORPORATION
	NIPPON DENSO CO
东芝公司	KABUSHIKI KAISHA TOSHIBA
	TOSHIBA CORP
	TOSHIBA KK
	株式会社東芝
日立公司	HITACHI CABLE
	HITACHI ELECTRONICS
	HITACHI INT ELECTRIC INC
	HITACHI LTD
	HITACHI，LTD.
	HITACHI MEDICAL CORP
	株式会社日立製作所
三菱电机株式会社	MITSUBISHI DENKI KABUSHIKI KAISHA
	MITSUBISHI ELECTRIC CORP
	MITSUBISHI HEAVY IND LTD
	MITSUBISHI MOTORS CORP
	三菱電機株式会社
松下电器	MATSUSHITA ELECTRIC WORKS LT
	MATSUSHITA ELECTRIC WORKS LTD
西门子公司	SIEMENS AG
	SiemensAktiengesellschaft
	SIEMENS AKTIENGESELLSCHAFT
	西门子公司
住友集团	住友电气工业株式会社
	SUMITOMO ELECTRIC INDUSTRIES
富士电气公司	FUJI ELECTRIC CO LTD

续表

合 并 后	合 并 前
富士电气公司	FUJI XEROX CO LTD
	FUJITSU LTD
	FUJIKURA LTD
	FUJI PHOTO FILM CO LTD
	富士電機株式会社
英特尔公司	INTEL CORPORATION
	INTEL CORP
	INTEL IP CORP
	Intel IP Corporation
微软公司	MICROSOFT TECHNOLOGY LICENSING LLC
	MICROSOFT CORPORATION
EDSA 微型公司	EDSA MICRO CORP
	EDSA MICRO CORPORATION
通用电气公司	GEN ELECTRIC
	GENERAL ELECTRIC COMPANY
	ゼネラル？エレクトリック？カンパニイ
	通用电气公司
	通用电器技术有限公司

4.3 其他约定

有权专利：指已经获得授权，并截止到检索日期为止，并未放弃、保护期届满、或因未缴年费终止，依然保持专利权有效的专利。

无权专利：①授权终止专利，即指已经获得授权，并截至到检索日期为止，因放弃、保护期届满、或因未缴年费终止等情况，而致使专利权终止的过期专利，这些过期专利成为公知技术；②申请终止专利，即指已经公开，并在审查过程中，主动撤回、视为撤回或被驳回生效的专利申请，这些申请后续不再具有授权的可能，并成为公知技术。

在审专利：指已经公开，进入或未进入实质审查，截止至到检索日期为止，尚未获得授权，也未主动撤回、视为撤回或被驳回生效的专利申请，一般为发明专利申请，这些申请后续可能获得授权。

企业技术创新力排行主体：以专利的主申请人为计数单位，对于国家电网公司为主申请人的专利以该专利的第二申请人作为计数单位。

4.4　边界说明

为了确保本报告后续涉及的分析维度的边界清晰、标准统一等，对本报告涉及的数据边界、不同属性的专利申请主体（专利申请人）的定义做出如下约定。

（1）数据边界

地域边界：七国两组织：中国、美国、日本、德国、法国、瑞士、英国、WO❶ 和 EP❷。

时间边界：近 20 年。

（2）不同属性的申请人

全球申请人：全球范围内的申请人，不限定在某一国家或地区所有申请人。

国外申请人：排除所属国为中国的申请人，限定在除中国外的其他国家或地区的申请人。需要解释说明的是，由于中国申请人在全球范围内（包括中国）所申请的专利总量相对于国外申请人在全球范围内所申请的专利总量较多，为了凸显出在专利申请数量方面表现突出的国外申请人，因此作如上界定。

供电企业：包括国家电网公司和中国南方电网有限责任公司，以及隶属于国家电网公司和中国南方电网有限责任公司的国有独资公司包括供电局、供电公司、电力公司、电网公司等。

非供电企业：从事投资、建设、运营供电企业等业务或者生产、研发供电企业产品/设备等的私有公司。需要进一步解释说明的是，由于供电企业在全球范围内（包括中国）所申请的专利总量相对于非供电企业在全球范围内所申请的专利总量较多，为了凸显出在专利申请数量方面表现突出的非供电企业，因此作如上界定。

电力科研院：隶属于国家电网有限公司或中国南方电网有限责任公司的科研机构。

---

❶　WO：世界知识产权组织（World Intellectual Property Organization 简称 WIPO）成立于 1970 年，是联合国组织系统下的专门机构之一，总部设在日内瓦。它是一个致力于帮助确保知识产权创造者和持有人的权利在全世界范围内受到保护，从而使发明人和作家的创造力得到承认和奖赏的国际间政府组织。

❷　EP：欧洲专利局（EPO）是根据欧洲专利公约，于 1977 年 10 月 7 日正式成立的一个政府间组织。其主要职能是负责欧洲地区的专利审批工作。